Sitzungsberichte
der Akademie der Wissenschaften
der DDR
Mathematik – Naturwissenschaften – Technik

6 N

1986

B. Knauer / H. Höninger / E. Reichelt

Faser-Teilchen-Verbunde

AKADEMIE-VERLAG BERLIN

Sitzungsberichte
der Akademie der Wissenschaften
der DDR
Mathematik – Naturwissenschaften – Technik

Jahrgang 1986 · Nr. 6/N

B. Knauer/H. Höninger/E. Reichelt

Faser-Teilchen-Verbunde

AKADEMIE-VERLAG BERLIN
1986

Vorträge aus der Sitzung der Klasse Werkstoffwissenschaft der Akademie der Wissenschaften der DDR vom 7. März 1985

Herausgegeben im Auftrage des Präsidenten der Akademie der Wissenschaften der DDR von Vizepräsident Prof. Dr. Heinz Stiller

ISBN 3-05-500014-5
ISSN 0138-3965
Erschienen im Akademie-Verlag Berlin, DDR-1086 Berlin, Leipziger Str. 3–4

Lizenznummer: 202 · 100/212/86
Printed in the German Democratic Republic
Gesamtherstellung: VEB Druckhaus Köthen
LSV 3625
Bestellnummer: 7636292 (2010/86/6/N)
00450

Inhalt

Berthold Knauer

Faser-Teilchen-Verbunde — eine volkswirtschaftlich verfügbare Gruppe von Konstruktionsmaterialien

1. Problemstellung

Faser-Teilchen-Verbunde mit polymerer Matrix finden seit Anfang der 70er Jahre wachsende Anwendung bei der Herstellung von Konsumgütern und Investitionsmitteln. Sie entwickelten sich teilweise zu einer Alternative für klassische Werkstoffe. Zwischenzeitlich gelang es auch, faserfreie dekorative Schutzschichten aufzubringen bzw. nachfolgende Lackierungsmöglichkeiten zu erschließen, wodurch der Durchbruch zu Großserienteilen vollzogen werden kann. Die Komplexität von Verbundrezeptur-Verarbeitung-Formteilgestaltung wird jedoch meist unterschätzt. Faser-Teilchen-Verbunde entsprechen den wesentlichen volkswirtschaftlichen Erfordernissen vieler Länder:

1. Nach Einsatz einheimischer Rohstoffe, direkt als globulare Teilchen wie Glaskugeln, Kreide, Quarz, Kalk u.a. sowie der Kohleveredlungsprodukte wie Phenolharze und Caprolactam in Verbindung mit Glasseide sowie anderen Fasern.

2. Eines niedrigen Anteils an lebendiger Arbeit infolge nutzbarer Mechanisierungs- und Automatisierungslösungen zur Herstellung von Zwischenprodukten und Formteilen.

3. Günstiger material- und energieökonomischer Effekte, wie der Masseeinsparung, langer Lebensdauer und gesicherter Reproduzierbarkeit.

Es gelang in der DDR, nicht zuletzt durch eine enge Zusammenarbeit zwischen den Kombinaten BUNA, LEUNA, Plast- und Elastverarbeitung sowie der Technischen Universität Dresden, mit der internationalen Entwicklung Schritt zu halten und eigenständige Beiträge bei der Werkstoffentwicklung sowie der Formulierung von Gestaltungs- und Berechnungsprinzipien zu liefern. Dabei galt es, interessante Effekte über die unterschiedliche Wirkung der Fasern und Teilchen zu erkennen und zu nutzen [1, 2]. So wurde festgestellt, da mineralische Teilchen eine Erhöhung der Rißinitiierungsenergie und silikatische Fasern eine Erhöhung des Ermüdungsrißausbreitungswiderstandes bewirken, daß die Kombination von Fasern und Teilchen im Vergleich zu rein faserverstärktem Material einen flachen Verlauf des Festigkeitsabfalles bei Langzeitbeanspruchung liefert. Bei niedrigen Laststufen kommt es damit zu einer höheren Lebensdauer derartiger Mischverbunde. Die Teilchen haben also einen bestimmenden Einfluß auf die innere Struktur und die Werkstoffeigenschaften. In wissenschaftlicher Hinsicht interessieren somit Probleme des Bruch- und Schädigungsverhaltens von Faser-Teilchen-Verbunden sowie für die praktische Anwendung die Unterdrückung von negativen Eigenschaften, wie die unzureichende Kerbfestigkeit und Schlagzähigkeit.

Aus volkswirtschaftlichen Erwägungen wird deshalb die Konstruktionsproblematik in den Mittelpunkt der Betrachtungen gestellt, weil ihre effektive Lösung auch neue Impulse für die Werkstofftechnik liefert. Die Spitzenkonstruktionen von heute stellen mehr als je zuvor ein Optimum von Funktionserfüllung, rationellem Werkstoffeinsatz, niedrigem Aufwand und hervorragenden Design dar (Abb. 1). Die innere Werkstoff-

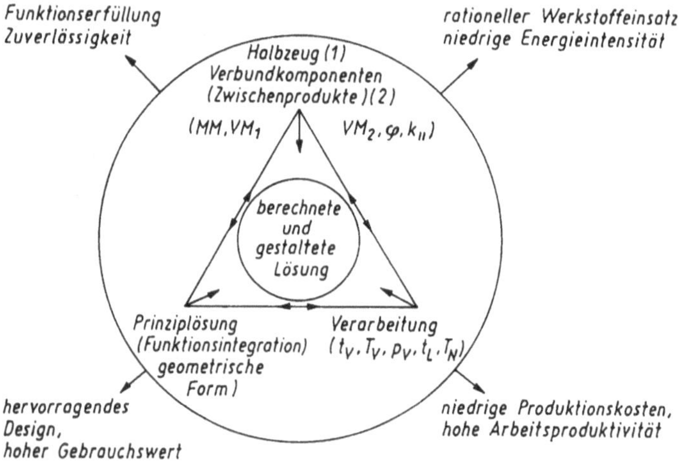

Abb. 1 Wechselwirkungen bei der Formteilkonstruktion aus inhomogenen Materialien

struktur verschmilzt dabei mit der äußeren Gestalt zu einer Einheit. Anpaßbare Verbundwerkstoffe gestatten für diese Kriterien dann gute Kompromisse, wenn die folgenden drei Wechselbeziehungen beherrscht werden:

Verbundwirkung – Formteilgestalt
Formteilgestalt – Verarbeitung
Verarbeitung – Verbundwirkung

Dies soll nachfolgend erläutert werden, wobei der Schwerpunkt auf die Matrixmaterialien, die Verstärkungsmaterialien, die geometrische Gestalt des Formteils und die Verarbeitungsverfahren sowie die -bedingungen gelegt wird.

Im Zusammenwirken von Chemikern, Verfahrenstechnikern und Konstrukteuren können z.B. auf den Ebenen Werkstoff, Formteil und Werkzeug einschließlich der festzulegenden Zuschnitt- und Einlegetechniken für Flächenverbunde moderne Formteile geschaffen werden.

2. *Verbundentwicklung*

Aus der Technikgeschichte sind eine Fülle von Verbunden wie Stahlbeton und Drahtglas bekannt, die vom Anfang an als Werkstoffsystem anzusehen waren. Bei den Plastverbunden waren zunächst Füllstoffe die wesentlichen Zusatzkomponenten, bevor Fasern zur Anwendung kamen. Heute werden Faser-Teilchen-Verbunde auch als Hybride für verschiedene Konstruktionswerkstoffe realisiert. Es geht uns dann bei den Teilchen betont um die Wirkung als Verstärkungsmaterial, d.h., Verstärkung der Matrix im Sinne von konstruktiv gewünschten Eigenschaften (Festigkeit, Gleitverhalten, Dimensionsstabilität, Arbeitsaufnahme u.a.).

Werden globulare Teilchen vordergründig zur Streckung der Matrix eingesetzt, dann ist der Begriff des Füllstoffes (Extender) berechtigt. Dies sei in diesem Beitrag ausgespart, es geht um das komplexe Anliegen, daß einige Stoffe als Fasern und andere als Teilchen und weitere in beiderlei Gestalt (Glasfasern, Glaskugeln) zur Verfügung stehen (Tab. 1). In der Kombination von Fasern und Teilchen werden dann Vor- und Nachteile der jeweiligen Geometrie- und Stoffstruktur zu einer neuen Qualität geführt (Abb. 2).

Tabelle 1 Ausgewählte Beispiele für Komponenten von Faser-Teilchen-Verbunden

	Mischverbunde (Hybride/Kompositionen)	
Matrix (Polymere, Metalle, Anorgan. nicht-metall. Stoffe)	Fasern (Stränge, Gewebe, Matten, Vliese, Kurzfasern)	Teilchen (Pulver, Kugeln, Partikel, Körner, Plättchen)
Thermoplaste	Glasseide	Quarz SiO_2
Duroplaste	Kohlenstoffasern	Kalk/Kreide $CaCO_3$
Leichtmetalle	Polyvinylalkoholfasern	Talkum
Keramik	Metalldrähte u.a.	Metallpulver u.a.

Mit den wachsenden Möglichkeiten der Beeinflussung von Kornform, -größe, -verteilung und des Haftmitteleinsatzes ist in Zukunft ein erweiterter Einsatz dieser Systeme als Modifizierungsmittel im Sinne Verstärkungsmaterial denkbar. Eine Übersicht aller gebräuchlichen Verstärkungsmaterialien liefert [3], ihre Einsatzcharakterisierung als Einfach- und Mischverbunde verschiedenen Typs und Art [4].

Die erste Generation thermoplastischer Mischverbunde 3. Art in Form von Granulat hat sich bei der industriellen Anwendung gut eingeführt, für die DDR gilt dies insbesondere bei PA6 mit Glasfasern und Kreide. Verfolgt wird international der gleiche Weg mit hochtemperaturbeständigen polyaromatischen Thermoplasten (z.B. PES ≙ Polyethersulfon, PEEK ≙ Polyetherketon für $T_E = 155-300\,°C$). Mit Polypropylen und Polycarbonat werden über Faser/Teilchen-Kombinationen kosten-

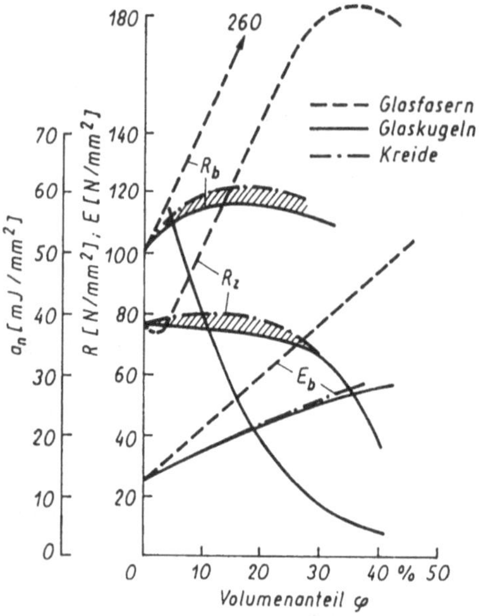

Abb. 2 Tendenziell unterschiedliche Eigenschaftsveränderungen beim Verbund von Fasern bzw. Teilchen mit einer thermoplastischen Matrix

effektive Lösungen bei Außeneinsatz und ansprechenden Schlagzähigkeiten gegenüber Stahl angestrebt.

Auch mit dem Einsatz der Langfaserverstärkung von Thermoplasten in Kombination mit Teilchen werden bestimmte Alternativen zu den Duroplastverbunden erwartet. Dabei stellen die Kriterien kurze Verarbeitungszeit, beliebige Lagerzeit sowie einfache Wiederverwendbarkeit die stoffgegebenen Vorzüge dar. Als Verarbeitungsverfahren stehen die Spritz-Prägetechnik, die Warmfließpreßtechnik, die Band- bzw. Profilherstellung mit anschließender Wickeltechnik und Thermoformung zur Diskussion. Bei den Duroplasten (ungesättigte Polyester-, Vinylester-, Epoxid- und Phenolharze) liegen die besonderen Vorteile bei der höheren medialen und thermischen Belastbarkeit sowie der problemloseren langzeitigen Verfügbarkeit im Rahmen der Kohle- und Carbochemie. Die Verarbeitung erfolgt über die Preß- und Spritzgießtechnik.

Zu unterscheiden sind DMC, BMC und SMC als standardisierte Vorprodukte, dabei bedeuten:

DMC – Formmassen – mechanische Verdickung des Harzes

BMC – Formmassen – chemische Verdickung von Harzen mit Erdalkalioxiden, z.B. MgO

SMC – Harzmattentechnik in Verbindung mit chemischer und mechanischer Harzverdickung sowie vorgegebener Verstärkungsmaterialorientierung

Abzugrenzen sind vier Prinzipien der VM-Anordnung und sechs der MM-Modifizierung bzw. der Sondereinstellung (Tab. 2). Besonders sei auf die ununterbrochene Verstärkung als C ≙ continual und die nicht schrumpfenden Formmassen als Low

Tabelle 2 Zur Variation der Verstärkungsmaterialanordnung und der Matrix-Material-Auswahl

Matrixmaterialien:	Ungesättigte Polyester-, Vinylester-, Epoxid- und Phenolharze
Verstärkungsmaterial:	Fasern, Teilchen
Massenprodukte:	DMC ≙ teigartige Formmassen
	BMC ≙ kittartige Preß- und Spritzgußmassen (Premix)
	SMC ≙ Harzmatte
	a) mit geschnittenen Textilglas-Rovings ≙ Roving-SMC (Prepreg)
	b) mit gebundenen Rovings ≙ Endlosmatten
	Kombinationen von a + b als
	× × × / — — — / × × × / — — — / × × × c) regellos und endlosgerichtete VM-C-SMC
	× × × / — — — / × × × / — — — / × × × d) regellos und gerichtete geschnittene VM
LS-BMS, LS-SMC (niedrig schrumpfende Formmassen 0.2 ÷ 0.05%)	
LP-BMC, LP-SMC (nicht schrumpfende Formmassen 0,05 ÷ 0,0%)	
Spezialprodukte:	energieabsorbierende BMC SMC
	flammwidrige BMC SMC DMC
	Niederdruck-Verarbeitung (p ≦ 2 MPa)
	spritzgußfähige ZMC

profile durch Thermoplastzusätze verwiesen. Die Schwierigkeiten der Rezepturentwicklung liegen bei der Komponentenvielfalt, die die bisherigen Möglichkeiten der Polyoptimierung übersteigen. So sind neben den verschiedenen VM-Anteilen (in Abb. 3 wurden Masseanteile für drei in der Produktion befindliche Mischverbunde aufgenommen) die chemischen Verdicker, Vernetzer, Hemmstoffe zur Erreichung hoher Lagerfähigkeit (3 – 6 Monate, möglichst unbegrenzt durch Mikroverkapselung) und Additive wie Polyvinylacetat sowie die verschiedensten Farbpigmente zu berücksichtigen.

Die Eindickungsfähigkeit von UP-Harzen ist an die Möglichkeit der Kettenverlängerung der Polyestermoleküle durch Reaktion der Carboxylendgruppen mit Metalloxiden der 2. Hauptgruppe gebunden. Dabei ist die Eindickungsfähigkeit von der Molmasse abhängig. Je höher die Molmasse, desto größer ist der Viskositätsanstieg nach der Reaktion mit MgO.

Für die Produktgruppe „ungesättigte Polyesterharze" ist ab 1. 9. 78 die TGL 33602 Bl. 1 – 13, Gruppe 145211 verbindlich, speziell für Sconaran UP-PE 3334 gilt Blatt 8.

Die Polyesterharz-Formmassen sind im Fachbereichsstandard TGL 28870 „Duro-

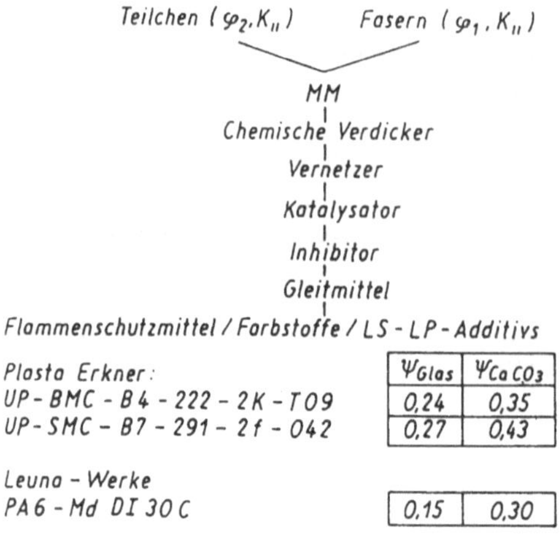

Abb. 3 Beispiele für industriell realisierte Mischverbunde mit Angaben zu den Herstellern, Masseanteilen und Bezeichnungsweisen

plast-Formmassen“ standardisiert. Bei allen damit verbundenen verarbeitungstechnischen und methodischen Problemen können die wesentlichen Hauptfragen der Anwendungstechnik als gelöst angesehen werden.

Einschließlich der Faser-Teilchen-Verbunde liegt die Weltproduktion bei den glasfaserverstärkten Plasten gegenwärtig bei über 1,5 Mio t und hat damit die des Naturkautschuks übertroffen. Die Angaben über Teilchenverbunde bzw. gefüllte Systeme für das Gesamtgebiet der Polymere gehen sogar bis 20 Mio t/a, d.h., sie übertreffen die Alu-Weltproduktion.

Die Produktionsgaben (Abb. 4) zu den UP-Harz-Prepreg und Premix belegen die wachsende Verfügbarkeit für die DDR. Es liegt an den Anwendern, die potentiell

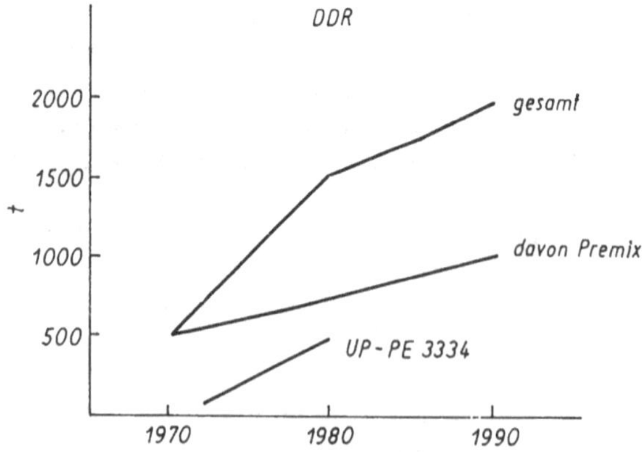

Abb. 4 Aufkommen an Polyester-Formmassen in der DDR

gegebenen Möglichkeiten zu weiteren Steigerungen durch gezielte Entwicklungsanforderungen und zur Anwendungsvorbereitung sowohl bei den thermo- als auch duroplastischen Materialien zu unterstützen. Gefördert wird dieser Weg durch eine günstige Preisgestaltung.

Für die Ermittlung von Vergleichsgrößen mit metallischen Werkstoffen wird von den verfahrensbedingten minimalen Wandstärken ausgegangen. Für UP-Prepreg sollten diese nicht unter 1 mm liegen. Betrachtet wurden Grauguß, Kugelgraphit-, Alu-Guß sowie weitere polymere Preß- und Spritzgußmassen. Die Einbeziehung der Materialpreise mit dem Stand vom 1. 1. 85 sowie der Verarbeitungskosten führt (Abb. 5) zur Bestätigung der ökonomischen und leichtbautypischen Vorzüge von Misch-

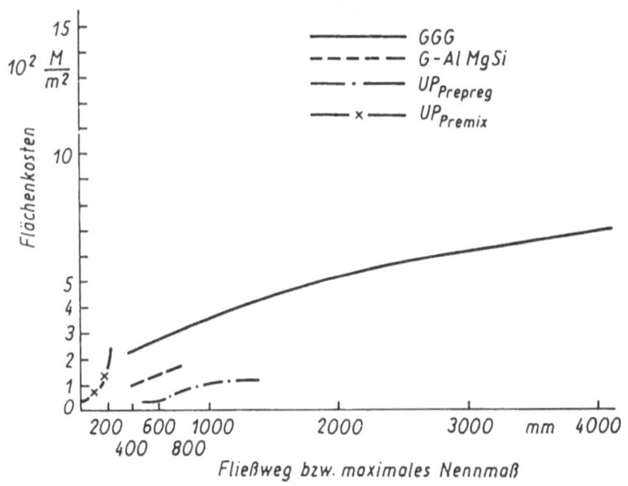

Abb. 5 Flächenkosten im Bereich minimaler Wandstärken bei Anhängigkeit vom Fließweg

verbunden im Bereich minimaler Wandstärken. Um diese einhalten zu können, bedarf es eines entsprechenden mechanischen Niveaus. Das Eigenschaftsbild soll mit der Zug- und Biegefestigkeit sowie weiteren 4 Kenngrößen belegt werden (Tab. 3). Setzt man die Eigenschaften von GUP-Matte gleich Eins, dann können mit dem relativ hohen Anteil an Kreide im UP-Prepreg und UP-Premix die Belastbarkeit bei R_b und a_n erhalten bzw. bei E_b und a_K verbessert werden [5, 6]. Es ergeben sich leicht verschobene Ellipsenbögen bei einer vierachsig linearen Darstellung der Kennwerte.

Für PA6 (Abb. 6) soll der Eigenschaftsvergleich für Thermoplaste mit den dabei typischen Kenngrößen der Dimensionsstabilität und Verschleißfestigkeit durchgeführt werden. Eine lineare Darstellung der Eigenschaftsverbesserung durch Faser-Teilchen-Verbunde ist dann allerdings nicht mehr sinnvoll. Ausgehend von der PA6-Matrix (H 3) und dem teilchenverstärkten PA6 (FI 20 – kreidemodifiziert) werden beim

Tabelle 3 Mechanische Eigenschaften von Faser-Teilchen-Verbunden

Verbundtyp / Eigenschaft	UP-BMC Standard B4-222-2K-9	UP-SMC Standard B7-291-2f	UP-BMC HF NPH 35N-2945	UP-SMC HF $f(k_{//}, \varphi)$	UP-Beton $\psi = 0{,}92$ Quarz/GF	PA 6-verst. GF/$CaCO_3$ Md DI 30C
ϱ [g/cm³]	1,7–2,0	1,7–2,0	1,75	1,7–1,9	2,2–2,4	1,45
$R_z(t_0)$ [N/mm²]	25	20–40	20–30	30–500	15	74
$R_b(t_0)$ [N/mm²]	60 (98)	120 (155)	80–100	80–700	30–50	100
$E_b(t_0)$ [N/mm²]	7000–9000	7000–10000	10000–12000	1500–30000	40000	5200
T_E [°C]	120	125	200	120	120	100
T_V [°C]	140–160	140–160	140–170	140–160	T_R – 60	220–260

TGL 14068/TGL 28870/TGL 20055

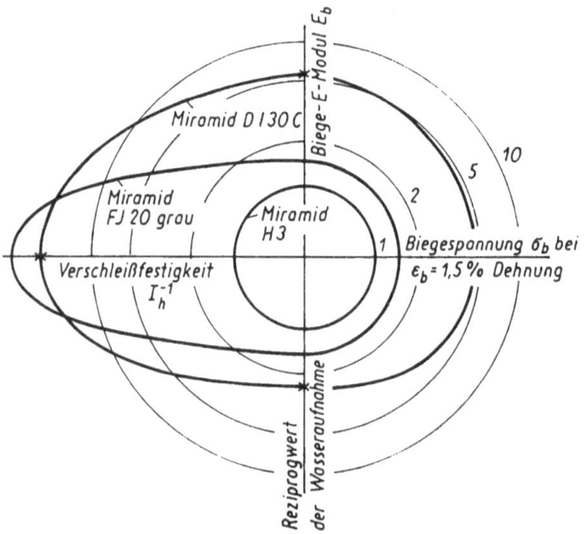

Abb. 6 Eigenschaftsvergleich von PA 6 mit verschiedenen Modifizierungen

Mischverbund PA6 DI 30 C der 5,6fache E-Modul, die 4,8fache Grenzbiegespannung, die 20fache Verschleißfestigkeit sowie die auf die Hälfte reduzierte Wasseraufnahme erreicht [7].

In Sonderfällen können auch endlos gerichtete SMC als Spitzenprodukte zur spezifischen Festigkeitssteigerung genutzt werden. Mit dem glasfaserverstärkten Polymerbeton wird eine weitere Möglichkeit für eine extreme Steifigkeitserhöhung bei recht geringem Matrixmaterialeinsatz ermöglicht.

Die bei uns untersuchten Systeme (Tab. 3) zeichnen sich durch einen Verstärkungsanteil bis $\psi = 92\%$ aus. Im allgemeinen wird Sand und Kies mit einem Größtkorn bis zu 32 mm und einer definierten Korngrößenverteilung sowie vorrangig PMMA, UP, EP als Harz verwendet. Das Einsatzgebiet für den Polymerbeton erstreckt sich aufgrund der Chemikalienbeständigkeit, der ausgezeichneten Schwingungsdämpfung, einer guten Schalldämpfung, der geringen Verformung auf Bereiche des Bau- und Maschinenwesens, bei letzterem für Maschinengestelle und Getriebegehäuse, vor allem für Hochgeschwindigkeitsfräs- und Schleifmaschinen, Druckwalzen u.a.

Durch einen Zusatz von 1—10% Stahl-, Glas-, Asbest- oder organischen Fasern ($\lambda = 30-150$, $\varnothing = 0{,}2-1$ mm, $l = 6-76$ mm) verbessern sich die Schlag- und Ermüdungsfestigkeiten von Polymerbeton. Deshalb findet dieser spezielle Faser-Teilchen-Verbund dort Anwendung, wo es auf eine geringe Schlagempfindlichkeit ankommt, wie z.B. bei Oberflächenkonturen, feste und zähe Deckschichten sowie zur Rißkontrolle [8]. Für die quantitative Charakterisierung der Eigenschaftsbeeinflussung der Matrix durch die Faser- und Teilchenkomponenten (Abb. 7) kann die erweiterte Mischungsregel [9] genutzt werden.

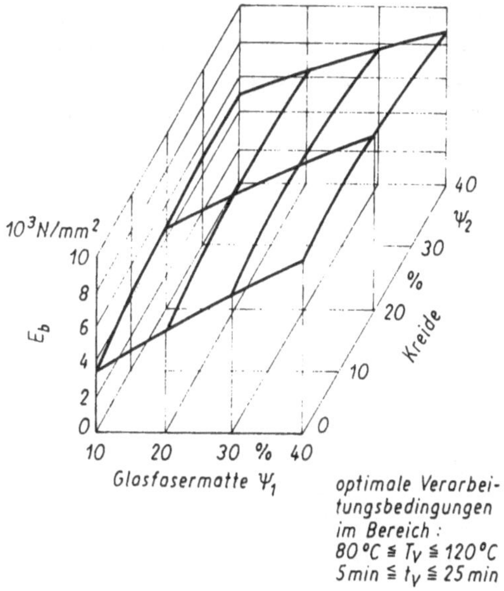

Abb. 7 Biege-E-Modul des Verbundes UP-AN 2324 mit Glasseiden-Stapelbindermatte und Kreide

3. *Formteilgestalt*

Der Konstrukteur muß seine Arbeitsweise der Abfolge von präzisierter und abstrahierter Aufgabe, Auffinden von prinzipiellen Lösungen (Verfahren, Funktion, Bau), der Variantenbildung und Bewertung sowie der Gestaltung durch Weiterentwicklung oder Neulösung anpassen. Nach der Prinziplösung ist die Ausprägung der geometrischen Struktur für ihn maßgebend, so die Verrippung bei aufgelösten Querschnitten, die Festlegung von Ausrundungen, von Löchern und Durchbrüchen. Notwendig wird z.B. die Prognose möglicher Festigkeitswerte im Vergleich zum Standard und in Abhängigkeit von den Fließbedingungen. Bauteiluntersuchungen ergaben Variationskoeffizienten beim Modul sowie der Festigkeit von $V > 20\%$. Auch Abweichungen von der Normalverteilung wurden festgestellt. Dies sind bedenkliche Größen, wenn es sich um abnahmepflichtige Bauteile handelt. Die Untersuchung einer größeren Zahl von Geometrieeinflüssen [10] entsprechend Abbildung 8 war deshalb ein dringendes Erfordernis. Die Untersuchung z.B. zum Radieneinfluß liefert Werkstoffkennwerte stets nur in Abhängigkeit von Verarbeitungs- und Einlegebedingungen. Die Verallgemeinerung wird damit beträchtlich erschwert. Bei Biegebelastung von Wandübergängen (Abb. 9) wird generell bei Ausrundungen eine höhere Beanspruchbarkeit ermittelt als bei scharfen Kanten. Variiert man darüber hinaus die Fließbedingungen, und dies ist meist unumgänglich, dann muß das inhomogene, anisotrope Material — bereits als Platte — als ein sehr sensibel auf Gestalts- und Verarbeitungsbedingungen reagierendes System charaktisiert werden. Die Richtungsabhängigkeit der Kennwerte zwischen 60 und 260 N/mm^2 ist dabei durch günstige Einlegebedingungen zu mindern, bzw. im Bedarfsfall bewußt zu steuern. Durch Vernetzung und Fließbehinderung orientieren sich die Fasern senkrecht zur Fließrichtung und es besteht die Gefahr des Verzuges sowie ggf. der Rißbildung. Eine sehr schlechte Faserausnutzung tritt ein, wenn aus überlappten, angesetzten, bzw. gerollten Abschnitten geformt wird (Abb. 10). Während senkrecht zur Fließrichtung im wesentlichen ein gleichhohes, aber wesentlich über den im Werkstandard angegebenen Werten liegendes Niveau ermittelt wurde, ist die Situation parallel zur Fließrichtung sehr

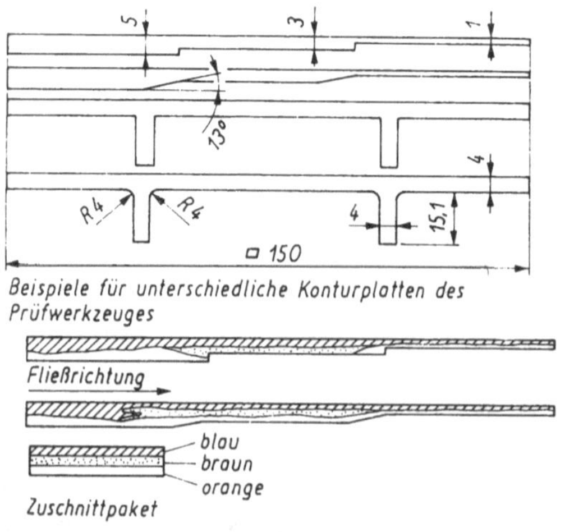

Abb. 8 Untersuchungsgegenstand von konstruktiven Elementen für kastenförmige Bauteile

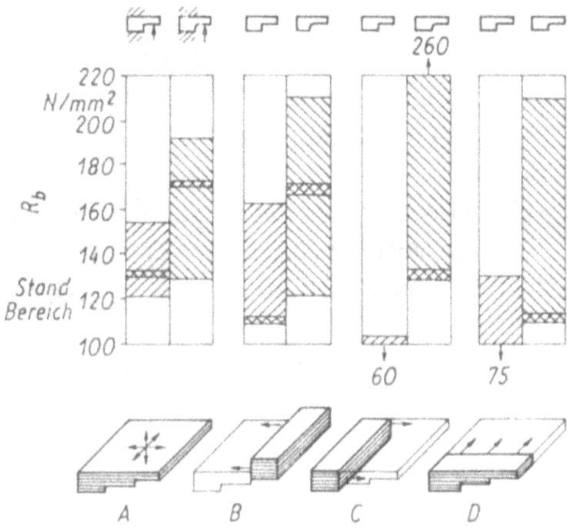

R_b - Standardisierter Bereich: 120 N/mm²
Normverarbeitung, Plattendicke 2-7mm

Abb. 9 Biegefestigkeit von Wandübergängen mit und ohne Radien bei Variation der Einlege- und Fließbedingungen (UP-Prepreg B7-291-2f-042)

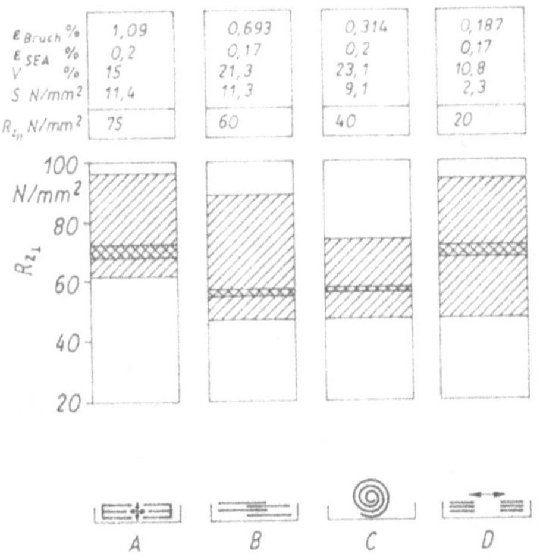

R_z - Standardisierter Bereich: 20 - 40 N/mm²
Normverarbeitung Prüfrichtung senkrecht zur Fließrichtung

Abb. 10 Zugfestigkeit von Platten parallel und senkrecht zur Fließrichtung (UP-Prepreg B7-291-2f-042) kritisch. Die Mittelwerte der Festigkeit schwanken um den Faktor 4, die Bruchdehnung um den Faktor 5. Im Falle der Ausbildung von Bindenähten (Fall C), wird nur noch die Matrixfestigkeit erreicht, die Verstärkungswirkung geht verloren. Umgekehrt konnten bei guter Formausfüllung (Fall A) recht hohe Kennwerte der Festigkeit und kritischen Dehnung festgestellt werden. Die Abbildungen 9 und 10 machen damit die Vielfalt an geometrischen und werkstofftechnischen Daten deutlich, die die speicher- und rechnergestützte Konstruktion zu einem bevorzugten Einsatzgebiet für Faser-Teilchen-Verbunde werden läßt. Für beanspruchungsgerecht ausgelegte Verbunde kann der Variationskoeffizient beim Biegemodul sowie der Biegefestigkeit unter 5% sinken. Dies erfüllt dann die Anforderungen der Klasse „Hochleistungsverbunde".

4. Verarbeitung

Noch ungenügend sind die Einflüsse der Verarbeitung auf die Ausprägung von Bauteileigenschaften untersucht. Erste Ansätze galten den duroplastischen Mischverbunden [10]. Von den einzelnen Parametern fördert eine hohe Verarbeitungstemperatur das Fließen, aber auch Blasenbildung, Lunker und Mikrorisse; hohe Preßdrücke senken den Porenanteil, sie schädigen aber auch das Verstärkungsmaterial. Die oft als Richtwert geltende spezifische Preßzeit von 20—30 s/mm Wandstärke steht im engen Zusammenhang zur Lagerzeit des Materials und der Temperatur. UP-Preßmassen sind bei einer Verarbeitung nach dreimonatiger Lagerzeit und $\geq$ 180 °C rißgefährdet. Die Abhängigkeit der Verarbeitungsbedingungen für die Materialkennwerte und damit für die Eigenschaft der Konstruktion wird in Abbildung 11 demonstriert. Der Biege-E-Modul schwankt um den Faktor 2 im Verhältnis zur Lagerzeit, Verarbeitungstemperatur und den Nachhärtebedingungen. Ähnliches wurde bei der Biegefestigkeit in Abhängigkeit von Verarbeitungszeit, -temperatur und Lagerzeit festgestellt. Zur Erreichung von günstigen Kennwerten für mechanisch beanspruchte Konstruktionen wird auf eine relativ weiche Verarbeitung, d.h., kurze Lager- und niedrige Preßtemperatur orientiert. Berücksichtigt man nun, daß diese Kennwerte wieder einen neuen funktionellen Zusammenhang zum Zeit-, Temperatur- und Medieneinfluß unter Beanspruchungsbedingungen liefern, so wird verständlich, daß es kein einziges Verarbeitungsoptimum geben kann. Es sind je nach der Hauptbeanspruchungsart dann lokale Optima auszuwählen (Abb. 12). Mit der Aufklärung der prinzipiell unterschiedlichen Auswirkung der Faser- sowie der Teilchenverstärkung, der Optimierung der Werkstoffzusammensetzung sowie Verarbeitung in Wechselwirkung zur Bemessung und Gestaltung können nunmehr grundlegende Beiträge für konstruktive Neulösungen sowie Produkterneuerungen in der Richtung durchgängiger CAD/CAM-Lösungen geleistet werden. In Abbildung 13 wird zusammenfassend gezeigt, wie Optimalbereiche der Verarbeitung im Zusammenhang mit der dominierenden Werkstoffeigenschaft auf konstruktive Details, wie z.B. rippenverstärkte Platten, übertragen werden. Bei vier verschiedenen Einlegebedingungen und unterschiedlicher Kantengestaltung werden eine günstige Oberfläche und maximale Festigkeitseigenschaften

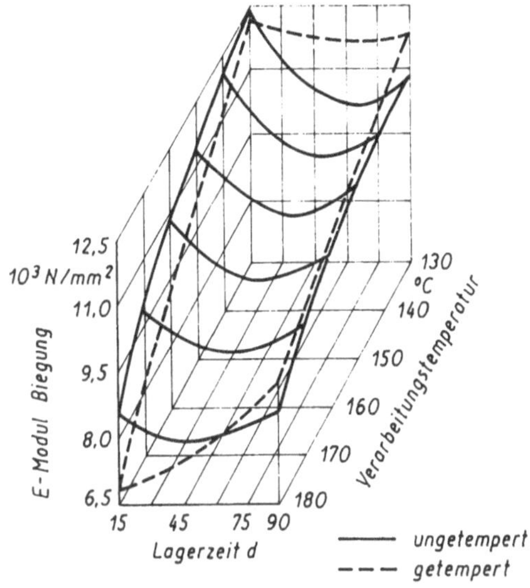

E_b - Standardisierter Bereich: 7 - 9 · 10^3 N/mm²
Preßzeit: 30 s/mm

Abb. 11 Biege-E-Modul von UP-Premix in Abhängigkeit von Verarbeitungstemperatur und Lagerzeit sowie der Nachbehandlung

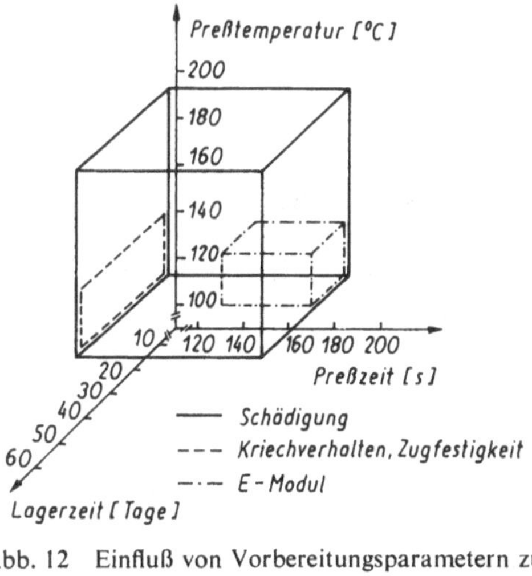

Abb. 12 Einfluß von Vorbereitungsparametern zur Erreichung von Bereichen hoher Festigkeit, Steifigkeit bzw. maximaler kritischen Dehnung (UP-Premix B4-222-2K)

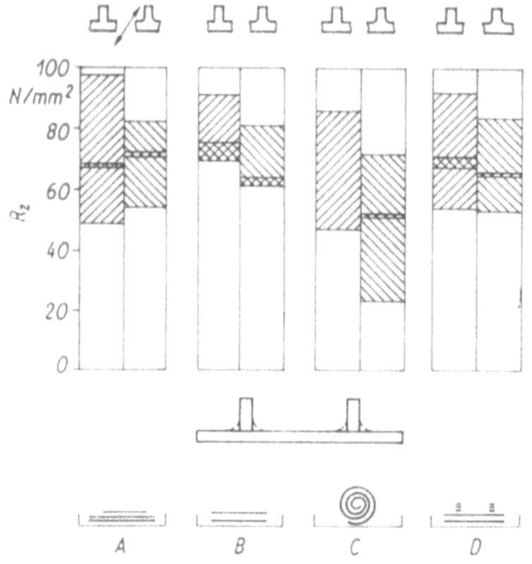

R_z - Standardisierter Bereich: 20 - 40 N/mm²
Normverarbeitung

Abb. 13 Zugfestigkeit verrippter Bauteile in Abhängigkeit von speziellen Fließ- bzw. Einlegebedingungen

mit Variante A ermöglicht. Die Oberflächengüte, wie sie im Automobilbau üblich ist, kann jedoch mit einem Normal-UP-Prepreg B7-291-042 nicht allein mit konstruktiven und verarbeitungstechnischen Mitteln erreicht werden, dazu ist der Übergang auf einen LP, d.h., Low-profile-Matrix-Typ erforderlich.

5. *Anwendungen*

Faser-Teilchen-Verbunde verkörpern ein neues Eigenschaftsbild im Vergleich zu den Faserverstärkungen und erst recht zu unverstärkten Bauteilen.
Als Neulösungen sind anzusehen:
- Formteile verbesserter Formstabilität und reduzierter Verzugsneigung
- hochfeste Formteile mit modifizierter komplexer Beanspruchbarkeit
- Einzelteile mit angepaßtem Verschleißschutz und erhöhter Wärmeformbeständigkeit
- mit verbesserter Isolations- und Kriechstromfestigkeit
- mit guter Oberflächenqualität und reduzierter Feuchtigkeitsaufnahme
- hoher Verarbeitungseffektivität sowie verkürzten Spritz- und Preßzyklen

Einblick in die bisher erreichte Breite der Anwendungsgebiete und der Verarbeitungsverfahren gewährt Tab. 4. Wie die Vergleichszahlen belegen, haben die USA einen wesentlich größeren Anwendungsumfang der verstärkten Plaste als die BRD und diese

Tabelle 4 Verarbeitungsverfahren in % nach Ländern mit Hinweisen auf Anwendungsgebiete und die pro Kopf-Verarbeitung für verstärkte Polymere

Verfahren / Anwendungen	HAV FHS	Wickeln	Kontin. Imprägn.	Naßpressen	BMC	SMC	Thermoplast. Spritzguß	DMC und sonst.	
Investitionsgüter									
ET-Elektronik									
Feingerätetechnik									
EDV									
Bauindustrie									
Fahrzeugbau									
(einschl. Wasser-	41	7	7	6	7	13	12	7	USA
und Luftfahr-	15	6	8	4	6	20	29	12	BRD
zeuge)	34	13	17	4	3	3	9	17	DDR
Anlagen- u.	Länderverleich:								
Maschinenbau	Verarbeitung:		3,3 kg/Einwohner/a – USA						
Landtechnik			2,7 kg/Einwohner/a – BRD						
Konsumgüter			1,6 kg/Einwohner/a – DDR						
PKW									
Sportboote									
Haushaltsgeräte									
Wohnwagen									

wiederum eine umfangreichere spezifische Verarbeitung als die DDR. Generell werden in den beiden erstgenannten Ländern $\geq 35\,\%$ der verstärkten Plaste als Faser-Teilchen-Verbunde verarbeitet. Dies zeigt beachtliche Reserven für die Veredlung von Materialien und für die Produkterneuerung in der DDR auf.

Betrachtet man einzelne Zweige:

Als Einfachverbund wurden in der DDR mehr als 2 Mio. Trabantkarosserien aus PF/Baumwolliner realisiert, etwa 150000 Heckklappen und Hinterkotflügel für den Wartburg Tourist 353.9 sowie 30000 Dächer für den Wohnwagen Bastei aus GUP. Bei Einzelteilen aus SMC sei demgegenüber auf 17 Millionen für Renault 1980/84 hergestellte PKW-Stoßfänger, auf Arbeiten von Daimler-Benz, Fiat, Audi, Porsche und Citroen zu Heckklappen, Motor- und Kofferraumhauben, Schiebedächer und Heckspoiler verwiesen. Produziert werden in der DDR in Großserien Industrie- und Haushaltspülen, Duschzellen, Rasenmähergehäuse, Brausewannen, Hochspannungsschaltteile, Feuchtraumleuchten, Verteilerschränke im Hochspannungsbereich aus SMC bzw. BMC. Bei westeuropäischen PKW-Stoßstangen darf bekanntlich bei Auffahrten mit 8 km/h, außer beim Lack, kein weiterer Schaden entstehen, weshalb durchgehende Verstärkungsmaterialien in den entsprechenden SMC eingearbeitet werden. Auf dieser Basis laufen auch Arbeiten zur Radfelgenherstellung.

Im Nutzfahrzeugbereich soll auf Stoßfänger hingewiesen werden, die wegen hoher Anforderungen beim Rangieren, beim Reinigen und Auffahrten als kostengünstige, technisch gelungene Lösung gelten. Eingesetzt werden C-SMC mit Anteilen an durchlaufenden Fasern bei $\varphi_{ges} = 50-60\,\%$.

Im Elektrobereich der DDR ist die Substitution von gußeisernen Kabelmuffen mit einer Masse von 15 kg durch 2,5 kg leichte Prepreg- bzw. UP-Premix-Teile mit einem hohen Nutzen auch im Hinblick auf die Gebrauchswertsteigerung und Senkung des Anteils an Arbeitszeit nennenswert. Erwähnung verdient deshalb auch der Einsatz von Robotern zur Realisierung des Zuschnittes, der Einlage von SMC-Rollenabschnitten sowie der Entnahme gepreßter und gespritzter Teile aus dem Werkzeug.

Allgemein ist das saubere, einfache und sichere Arbeiten bei SMC, BMC und Spritzgußmassen im Gegensatz zur Naßverarbeitung von GUP hervorhebenswert. Im Bereich des Maschinenbaues dominieren Abdeckungen und Funktionsteile. Für ein Maschinenelement werden mit der Abbildung 14 die Bauteilintegration, die hohe Formstabilität unter Belastung, hohe Maßgenauigkeit und geringe Wanddicken eines Lagerkörpers als Einbauteil aus Polyesterharzmatte in LP-Einstellung demonstriert.

Dynamisch hochbeanspruchte Thermoplastverbunde werden für Pumpen, Schreibmaschinen-Typenschreiben, Kühlergrills und Diagnosebuchsen eingesetzt.

Ein Präzisionsteil mit mechanischer und elektrischer Belastung sowie eleganter Schnappverbindung zeigt Abbildung 15.

Nach der Phase der Konstruktion und Herstellung von diversen Klein- bzw. Einzelteilen steht nun die Entwicklung von Großbauteilen an. Bekanntlich wurde die komplette GFP-Autokarosserie von Chevrolet mit der Corvette geschaffen [11]. Als ein neueres Automobil im Mittelserienbereich mit 100000 Stück/a und umfangreichen SMC-Teilen sei der Pontiac Fiero erwähnt [12]. Bei konsequenter Trennung von Trag-

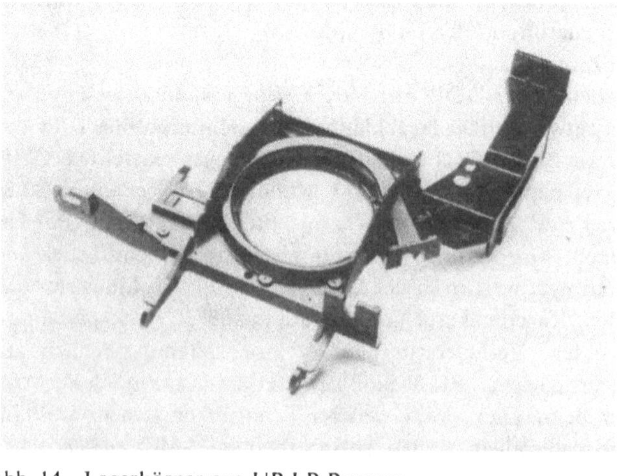

Abb. 14 Lagerkörper aus UP-LP-Prepreg

und Hüllbereich werden die Faser-Teilchen-Verbunde mit Schraubverbindungen befestigt. Während in der Vormontage das Stahlgerüst bei 300 °C seinen Korrosionsschutz erhält, werden die Karosserieteile mit Acryllack und Klarlack nur bis 137 °C belastet. Der Zusammenbau erfolgt vollmechanisiert, er gewährleistet hervorragende Paßgenauigkeit und eine ausgezeichnete Oberflächengüte.

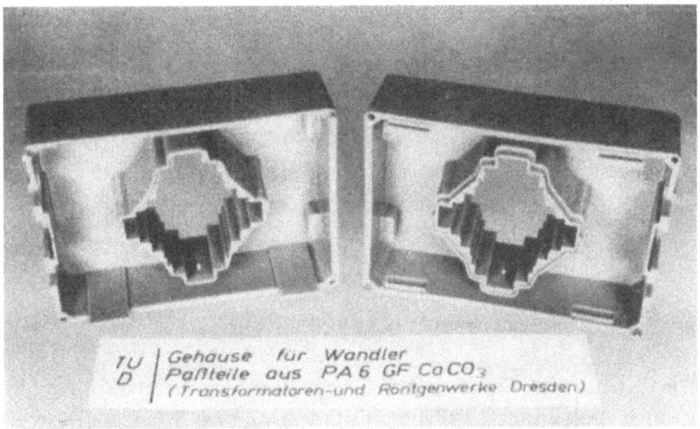

Abb. 15 Isolationsteile aus PA 6-Faser-Teilchen-Verstärkung

Die Großserientauglichkeit von Faser-Teilchen-Verbunden beweisen auch andere PKW-Hersteller neben den bereits erwähnten Motorhauben mit Dächern, Türen und Motorblöcken [13]. In ökonomischer Hinsicht wird auf 50—80% Kosteneinsparungen bei den SMC-Werkzeugen im Vergleich zu Stahlblechausführungen bzw. von 20—40% Masseeinsparungen gegenüber Metallgußteilen verwiesen.

Selbstverständlich geben den Ausschlag für die Produktionsüberführung die Gesamtbewertung aller Kriterien wie Arbeitsaufwand, Arbeitsbedingungen, Investitionsaufwand, Verfügbarkeit, Werkzeug- und Verarbeitungskapazität. Die durchgeführten detaillierten Bauteiluntersuchungen und volkswirtschaftlichen Gesamtbetrachtungen zeigen die Faser-Teilchen-Verbunde mit polymerer Matrix als eine ausbaufähige Werkstoffgruppe. Bei einer planmäßigen Einsatzvorbereitung für Faser-Teilchen-Verbunde ergeben sich jedenfalls positive Ergebnisse für die wichtigsten Bewertungsgrößen von Konstruktionswerkstoffen

— Gebrauchseigenschaften
— Formgebung
— Ökonomie

in den skizzierten Einsatzbereichen.

Schlußfolgerung:

(1) Faser-Teilchen-Verbunde sind in werkstofftechnischer, konstruktiver und verarbeitungstechnischer Hinsicht weiter zu erforschen.

(2) Für den Zeitraum 1986/1990 sind folgende Entwicklungsaufgaben zu nennen:
   1. Bei mechanisch beanspruchten Einzelteilen ist die breite Überführung in die Produktion abzuschließen.
   2. Für komplexe Lösungen im Hüll- und Stützbereich ist mit der Überführung in die Produktion zu beginnen.
   3. An ausgewählten Bauteilen und den dazugehörenden Werkzeugen sind Erfahrungen mit der rechnergestützten Konstruktion und Fertigung zu sammeln.

(3) Es sind die Faser-Teilchen-Verbunde zu vernünftigen Alternativen für Konstruktionswerkstoffe mit hoher medialer sowie mittlerer mechanischer und thermischer Beanspruchung in Zeiten erhöhter Material- und Energieökonomie zu entwickeln.

(4) Bereits jetzt ermöglichen sie auf Teilgebieten moderne Konstruktionen hinsichtlich des Design, der Zuverlässigkeit, des Arbeitsaufwandes und der Wirtschaftlichkeit [14].

Literatur

[1] LANG/MARISON/HERTZBERG: Effect of Short Glass Fibers and Particulate Fillers on Fatique Crack Propagation in Polyamides, Polymer Engineering and Science, Oktober 1982.

[2] LAUKE, B., SCHULTRICH, B., BARTHEL, R.: Zur mikromechanischen Interpretation der Brucharbeit beim kurzglasfaserverstärkten Thermoplast, Plaste und Kautschuk, VEB Deutscher Verlag für Grundstoffindustrie, 8/1985, S. 304–307.

[3] KNAUER, B.: Fortschritte auf dem Gebiet der Konstruktionsplaste, Sitzungsberichte der Akademie der Wissenschaften 14 N/1982, Akademie Verlag der DDR, Berlin 1983, S. 12, 13 und 31.

[4] KÖNIG, U./KNAUER, B.: Zur Entwicklung des Leichtbaues unter Beachtung der Energie- und Materialsituation, 8/1982. Aus der Arbeit von Plenum und Klassen der Akademie der Wissenschaften der DDR, Wissenschaftliches Informationszentrum, S. 37.

[5] KURZ, W.: Beitrag zur Ermittlung verarbeitungs- und anwendungstechnischer Eigenschaften ausgewählter Mischlaminate dritter Art, Dissertation, Technische Universität Dresden, 1981.

[6] KNÜPFER, TH.: Beitrag zum Werkstoffverhalten von UP-Harz-Prepreg bei statisch-thermischer und dynamischer Beanspruchung, Dissertation, Technische Universität Dresden, 1985.

[7] DOANT, G.: Beitrag zur Ermittlung der Temperatur-Zeit-Einsatzgrenzen von Polyamid 6, Dissertation, Technische Universität Dresden, 1983.

[8] SEYFARTH, E.: Werkstoff- und Bauteilverhalten bei Polymerverbunden (Leichtbaukonstruktion). Jahresforschungsbericht 1984, Kombinat VEB Chemische Werke Buna/Technische Universität Dresden.

[9] KNAUER, B.: Weiterentwickelte Mischungsregel, Konstruktionshandbuch Verstärkte Hochpolymere. VEB Deutscher Verlag für Grundstoffindustrie, Leipzig, 1980, Band I.

[10] FRANZKE, G.: Beitrag zur Ermittlung des Einflusses der geometrischen Gestalt auf das Eigenschaftsbild von Preßteilen aus GUP-Prepreg, Dissertation, Technische Universität Dresden, 1985;

DUNDAKOWA, S.: Beitrag zur Ermittlung verarbeitungs- und anwendungstechnischer Eigenschaften von UP-Premix, Dissertation, Technische Universität Dresden, 1983.
[11] Autorenkollektiv: Kunststoffe im PKW- und Nutzfahrzeugbau, VDI-Verlag Düsseldorf, 1982.
[12] STACHEL, P.: Stand der SMC- u. R-RIM-Anwendung im Automobilbau in den USA am Beispiel des Pontiac Fiero, Beitrag 35, S. 1–5, Arbeitsgemeinschaft Verstärkte Kunststoffe, Freudenstadt, 1984.
[13] GELLHORN, E./MENGES, G./LUTTERBECK, K./MÜLLER, W./FERECKE, H.: Einfluß von heißem Motorenöl auf Harzsysteme, Beitrag 7, S. 1–6, Arbeitsgemeinschaft Verstärkte Kunststoffe, Freudenstadt, 1984.
[14] KNAUER, B./WENDE, A. (Hrsg.): Konstruktionstechnik und Leichtbau, Akademie-Verlag Berlin (in Vorbereitung).

Henrik Höninger/Eberhard Reichelt

Zum Langzeit-Deformationsverhalten von faser- und teilchenverstärkten Polymeren

1. Einleitung

Im Beitrag werden als eine spezielle Gruppe der verstärkten Polymerwerkstoffe die mit Zusatzstoffen modifizierten Thermoplast-Einfachverbunde behandelt. Da sich die im Schrifttum für Polymerverbunde verwendeten Fachtermini und Klassifizierungsgesichtspunkte z.T. wesentlich unterscheiden, sei in Anlehnung an einen Klassifizierungsvorschlag von Knauer [1] folgende Definition vorangestellt: Thermoplast-Einfachverbunde (TPEV) sind physikalisch modifizierte Thermoplaste in Form von Zweikomponentensystemen, die aus einer kontinuierlichen Phase (thermoplastische Matrix) und aus einer diskontinuierlichen Phase (anorganischer Zusatzstoff, Verstärkungsmaterial) bestehen. Je nach Art der verwendeten Verstärkungsmaterialien (Fasern, globulare Teilchen in Plättchen- oder Kornform) wird dabei zwischen faserverstärkten und teilchenverstärkten TPEV unterschieden.

Die Entwicklung eines stabilen Typensortiments an TPEV gehört zu den Schwerpunktaufgaben der Höherveredlung auf dem Gebiet der Plastwerkstoffe in den 80er Jahren in der DDR [2]. Dabei orientieren wesentliche technisch-ökonomische Zielstellungen auf:

- gezielte Eigenschaftsverbesserung als Voraussetzung für eine Erweiterung der Anwendungsmöglichkeiten von Thermoplasten,
- Erhöhung der Material- und Rohstoffökonomie durch Reduzierung des spezifischen Polymereinsatzes infolge der Verwendung anorganischer Zusatzstoffe,
- Beibehaltung der rationellen, hocheffektiven Verarbeitbarkeit thermoplastischer Formstoffe.

Mit der Anwendung des Verbundprinzips bei Thermoplasten werden durch gezielte Strukturausbildung vielfältige Möglichkeiten zur Verbesserung der Gebrauchseigenschaften dieser Polymerwerkstoffe erschlossen. Die Steigerung konstruktiv nutzbarer Eigenschaften, wie z.B. hinsichtlich der Werkstoffsteifigkeit, der Formbeständigkeit oder des Dilatationsverhaltens, rechtfertigt, daß unabhängig von der Art des Zusatzstoffes (Fasern, Teilchen) von einer Verstärkung und damit von verstärkten Thermoplasten gesprochen wird [3]. Von besonderem Interesse sind Verbesserungen der mechanischen Eigenschaften, weil gerade aus diesen bevorzugt einsatzbegrenzende Aspekte resultieren. Unter diesem Gesichtspunkt spielt für konstruktive Plastanwendungen das mechanische Langzeitverhalten in Abhängigkeit von Beanspruchungshöhe, -zeit, -temperatur und Umgebungsmedium eine besondere Rolle; im speziellen Fall thermoplastischer Materialien dominieren dabei Kennwerte des statischen Langzeit-Deformationsverhaltens (LZDV) hinsichtlich der praktischen Bedeutung. Das LZDV dieser Werkstoffe weist bereits unter Normalbedingungen gegenüber rein elastischem Materialverhalten, z. B. von Stahl, Besonderheiten auf, indem viskoelastische und plastische Verformungsanteile wirksam werden können. Während letztere jedoch auch bei Plastwerkstoffen im technisch interessanten Bereich i. allg. keine praktische Bedeutung besitzen, ist dem zeitabhängigen viskoelastischen Materialverhalten bei konstruktiven Anwendungen gebührende Beachtung zu schenken. Eine grundlegende Voraussetzung dafür ist ein Mindestumfang an gesicherten Werkstoffkennwerten (vgl. Kenngrößenfonds B nach [4]). Zur Beschreibung des LZDV werden verschiedene, im Zusammenhang stehende Kenngrößen verwendet (Abb. 1). Diese Kenngrößen haben Eingang in

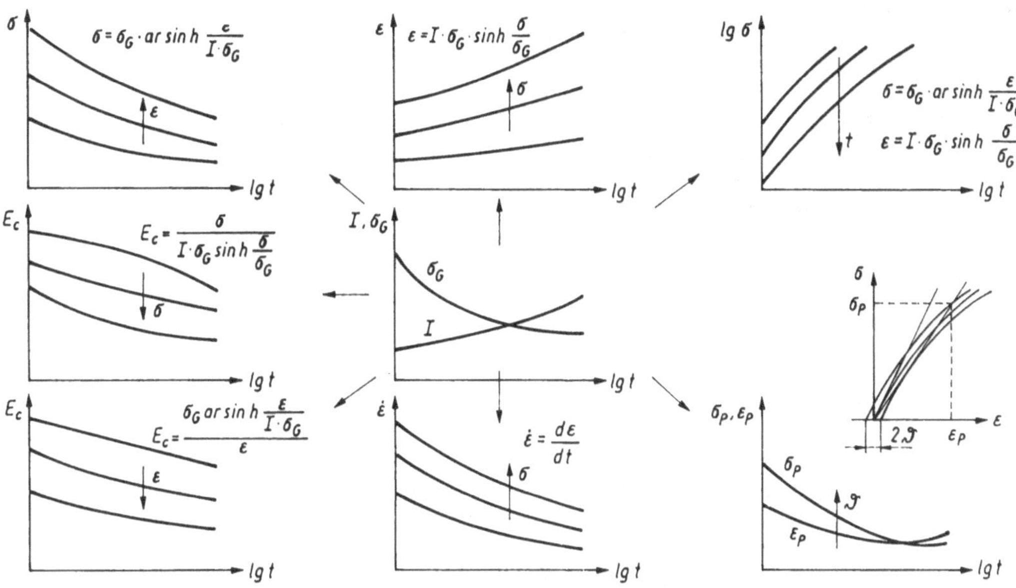

Abb. 1 Kenngrößensystem zur Charakterisierung des LZDV von Plastwerkstoffen

Anwendungsrichtlinien und Berechnungsvorschriften gefunden (Tab. 1). Zur Bereitstellung repräsentativer Datenfonds für Plastwerkstoffe des DDR-Sortiments wurden in den letzten Jahren schwerpunktmäßig im Institut für Leichtbau Dresden (IfL) systematische Untersuchungen zum statischen LZDV im Rahmen der angewandten Forschung und im Auftrag der Industrie durchgeführt [5, 6], deren Ergebnisse einerseits in einer Dokumentation zum LZDV [7] zusammengestellt und darüber hinaus in der zentralen Werkstoffdatenbank des IZW im IfL erfaßt sind. In der gegenwärtigen Phase der Entwicklung eines Typensortiments an TPEV verlaufen Typenoptimierung und Einsatzvorbereitung konform, so daß die Forderung nach Werkstoffinformationen

Tabelle 1 Übersicht über Anwendungsbereiche für Kenngrößen des Langzeit-Deformationsverhaltens von Plastwerkstoffen

Berechnungsrichtlinie	Kenngrößen
ICA-Richtlinienkatalog, Festigkeitsberechnung, Berechnungsgrundlagen für unverstärkte Plaste	Kriechfunktion $J(t)$
Standard TGL 18624: Maßungenauigkeiten für Werkzeuge und Plastformteile	zeitabhängige Deformation $\varepsilon(t)$
Berechnung von Bauteilen aus Thermoplasten im nichtlinearen Deformationsbereich nach Bergander u. Mitarbeiter	A_n, Θ_n $(n = 0, \ldots, N)$ $g(\sigma)$, $h(\sigma)$, $f(\sigma)$
Dimensionierung nach Festigkeit und Bauteilverformung, Fachbuch „Konstruktiver Plasteinsatz"	Ursprungsmodul E_0, Kennwert m
Bemessung nach Grenzzuständen KHB, „Verstärkte Hochpolymere", KDT	Anpassungsfaktor $m_v(t)$ für E_c
Standard TGL 22972: Stützkernelemente für Bauwerke	Kriechzahl φ_t
IfL AUTEVO-Konstruktionskatalog H 20-01 nach Knauer u. Mitarbeiter	Kriechfunktion $J(t)$
N 13-04 nach Ackermann	J_0, J_r $(r = 1 \ldots N)$
Katalog Plaste im Rohrleitungsbau, Berechnung von Plastrohrleitungen	Kriechmodul E_c zeitabhäng. Deformation $\varepsilon(t)$, Vergleichsspannung $\sigma_v(t)$

zum LZDV prinzipiell steht. Diese Notwendigkeit wird sowohl auf Grund der vorgesehenen verstärkten Nutzung von TPEV als Konstruktionswerkstoffe als auch anhand des derzeitigen Entwicklungsstandes in der Fachliteratur nachdrücklich unterstrichen. Es konnte festgestellt werden [8], daß

- ein hoher Erkenntnisstand auf Teilgebieten der Erforschung von Zusammenhängen zwischen Werkstoffstruktur, Eigenschaften und Verbundbildungsmechanismen besteht [9, 10],
- Einzelinformationen über Eigenschaftsänderungen von Thermoplastmatrizes mittels Zusatzstoffen in sehr großer Anzahl vorliegen,
- Untersuchungsergebnisse zum LZDV vorrangig im Zusammenhang mit Typenentwicklungen kurzglasfaserverstärkter Thermoplaste anzutreffen sind,
- Werkstoffvergleiche hinsichtlich des LZDV von TPEV und Matrixwerkstoffen sowie diesbezügliche bewertende Aussagen, z. B. über die Wirkung von Zusatzstoffen, nur in Einzelfällen bekannt sind,
- ein generelles Defizit im Erkenntnisstand über das LZDV von teilchenverstärktem TPEV vorhanden ist bzw. große Informationslücken hinsichtlich des Einflusses erhöhter Temperaturen oder spezieller Umgebungsmedien bestehen.

2. Programm zur Untersuchung des Langzeit-Deformationsverhaltens von Thermoplast-Einfachverbunden

Die experimentellen Werkstoffuntersuchungen im IfL erstrecken sich auf ein im Bearbeitungszeitraum zugängiges Produktsortiment an TPEV einschließlich der jeweiligen Matrizes aus werkstoffherstellenden Betrieben der chemischen Industrie (Tab. 2). Stoffliche Variable sind Matrixwerkstoff (amorphe und teilkristalline Thermoplaste, Elastomer) sowie Zusatzstoffart und -anteil. Mit Ausnahme von PVC-BF-Verbunden (preßkaschierte Tafeln) stand als Ausgangsmaterial spritzgießfähiges Granulat zur Verfügung, das einheitlich mittels Spritzgießen über Plattenwerkzeug mit Filmanguß zu tafelförmigem Halbzeug (Prüftafelabmessungen 200 mm × 120 mm × 4 mm) verarbeitet wurde. Die Prüfkörperentnahme erfolgte ausschließlich spanend aus dem Tafelmaterial unter Beachtung der verarbeitungsbedingten Vorzugsorientierungsrichtungen (VOR), d.h. parallel (PVOR) und senkrecht (SVOR) zur Spritz- bzw. zur Walzrichtung.

Tabelle 2 Untersuchtes Werkstoffsortiment an TPEV und Thermoplastmatrizes

Matrix	Zusatzstoff Art	Anteil ψ in %	TPEV
PE-HD	Glasfasern	20, 30	PE-GF
	Kreide	40	PE-KR
PP (Copolymer)	Kreide	40, 60	PP1-KR
	Talkum	20, 40	PP1-TA
PP (Homopolymer)	Talkum	20, 40	PP2-TA
	Talkum	20, 40	PP3-TA
PA 6	Glasfasern	30	PA-GF
PA 6-Regranulat	Kreide	15, 20, 30, 35	PAR-KR
	Kaolin	10, 15, 20, 30	RAR-KA
	Glaskugeln	10, 20, 30, 40	PAR-GK
PBTP	Glasfasern	20, 30	PBTP-GF
PVC	Basaltfasern	30, 50	PVC-BF
PC	Glasfasern	40	PC-GF
PUR (Elastomer)	Glasfasern	20	PUR-GF

Als konstante Untersuchungsbedingungen wurden im Rahmen des Untersuchungsprogrammes eingehalten:

- Kriechuntersuchungen bei statischer einachsiger Zugbeanspruchung (Abb. 2),
- Versuchsdurchführung nach Standard TGL 25246,
- Versuchszeiten mind. 1000 h,
- Beanspruchungsbereich $\sigma_{max} \leq 0{,}4-0{,}5 \cdot R_z$.

Demgegenüber wurden neben den o. g. stofflichen Parametern als Versuchsvariable auch die äußeren Beanspruchungsbedingungen (Spannung, Umgebungsmedium,

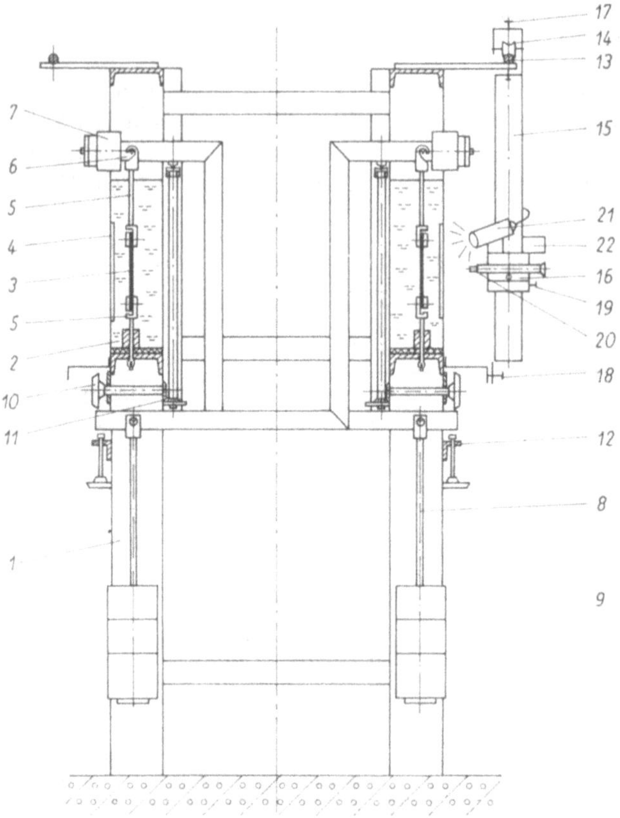

Abb. 2 Prüfstand für die Untersuchung des Zug-Kriechverhaltens in flüssigen Medien (Prüfprinzip; *1* Grundgestell, *2* Medienbehälter, *3* Prüfkörper, *4* Glasscheibe, *5* Probenhalterung, *6* Lasthebel mit Ausgleichmassen, *7* Balancestücke, *8* Gehänge, *9* Massestücke, *10* Handrad, *11* Kegelradtrieb, *12* Stützvorrichtung, *13* Laufschiene, *14* Schlitten, *15* Führungssäule, *16* Meßwagen, *17* und *18* Stellschraube, *19* Kreuztisch, *20* Optik, *21* Beleuchtungseinrichtung, *22* Feinableseeinrichtung)

Temperatur, Beanspruchungsrichtung) variiert, so daß die Notwendigkeit einer Begrenzung des Versuchsprogrammes offensichtlich wird (vgl. Tab. 3).

Trotz exakter Versuchsdurchführung von Kriechexperimenten sind gewöhnlich die ermittelten zeit- und spannungsabhängigen Verformungswerte mit einer praktisch unvermeidbaren Meßwertstreuung behaftet, die sich durch Anwendung der nach TGL 25246 vorgeschlagenen manuellen Auswertemethode nur im begrenzten Maße kompensieren läßt. Es ist deshalb im Sinne einer objektiven Werkstoffbewertung erforderlich, aus den Meßwerten durch mathematisch exakte Aufbereitung gesicherte Erwartungswerte für die Zielfunktion $\varepsilon = f(\sigma, t)$ zu bestimmen. Diese Erwartungswerte

Tabelle 3 Prüfumfang und Versuchsvariable im Untersuchungsprogramm zum LZDV

Versuchsvariable Einflußgröße	Realisierung	untersuchte Werkstoffe
Spannung	6 σ-Stufen	alle TPEV und Matrizes gemäß Tabelle 2
Umgebungsmedium	Luft	alle TPEV
	Wasser	PE-KR, PP-KR, PP-TA, PA-GF, PAR-KA, PAR-GK, PBTP-GF
Temperatur[1]	296 K	alle TPEV
	333 K	PE-KR, PP-KR, PP-TA, PVC-BF
	353 K	PTEP-GF
	373 K	PP-TA
	393 K	PAR-GK, PBTP-GF
Beanspruchungs-richtung[2]	SVOR	alle TPEV außer PVC-BF
	PVOR	PP-TA, PA-GF, PAR-GK, PBTP-GF, PVC-BF, PC-GF

[1] Kombination Temperatur – Umgebungsmedium.
[2] Kombination Beanspruchungsrichtung – Temperatur – Umgebungsmedium.

bilden bei dreidimensionaler Darstellung des Zusammenhanges eine räumlich gekrümmte Fläche mit den Kennwertfunktionen Kriechkurven, Beanspruchungsgrenzkurven und Spannungs-Verformungs-Kurven als Schnittlinien (Abb. 3).

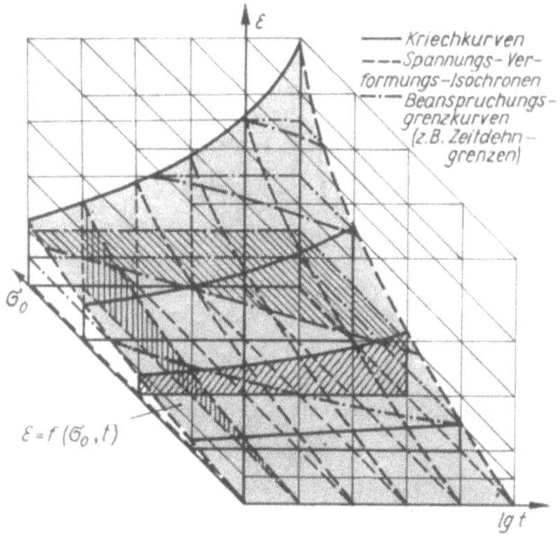

Abb. 3 Zielfunktion eines Kriechexperiments (schematisch)

3. Beschreibung des Langzeit-Deformationsverhaltens

Im Schrifttum sind Approximationsansätze zur Beschreibung von Kriechkurven in großer Anzahl vorhanden. Dabei werden vorrangig drei wesentliche Grundtypen (Potenz-, Exponential- und logarithmische Funktionen) bzw. Kombinationen derselben sowie Ansätze mit nicht definierten Zeitfunktionen verwendet. Die Ansätze unterscheiden sich hinsichtlich der praktischen Nutzbarkeit, so daß für eine Auswahl folgende Forderungen zugrunde gelegt werden:

- gute Approximationsgüte der vorhandenen Datensätze,
- möglichst geringe Anzahl von Konstanten,
- Trennbarkeit der Ansatzvariablen,
- physikalisch sinnvolle Werte für Ansatzkonstanten.

Unter diesen Gesichtspunkten wurden in [8] für die Auswertung des experimentell ermittelten Datenmaterials (Auswertung von Kriechkurvenscharen) 6 verschiedene 4-Parameteransätze ausgewählt und hinsichtlich ihrer Eignung getestet. Prinzipiell wurde für die Beschreibung des LZDV eine multiplikative Verknüpfung von Spannungs- und Zeitfunktion zugrunde gelegt. Für die Erfassung der Spannungsabhängigkeit wurde grundsätzlich der bisher angewandte Approximationsansatz

$$\varepsilon = \frac{\sigma_G}{E} \cdot \sinh \frac{\sigma}{\sigma_G}$$

nach [7] verwendet, während für die Zeitfunktion unterschiedliche Ansätze berücksichtigt wurden. Nach Bestimmung der Ansatzkonstanten und Überprüfung der optimalen Approximationsgüte wurde folgendes Modellgesetz ausgewählt

$$\varepsilon(\sigma, t) = \frac{\sigma_G}{E} \cdot \sinh \frac{\sigma}{\sigma_G} \cdot \left(1 + \frac{t}{a}\right)^n$$

und zur Bewertung des LZDV einer großen Anzahl von Datensätzen für TPEV und Matrixwerkstoffen (vgl. Tab. 2 und 3) verwendet [8]. Als Parameter des Modellgesetzes fungieren

E – Werkstoffsteifigkeit
σ_G – Maß für die relative Nichtlinearität
n – Langzeit-Kriechexponent
a – Zeitkonstante (Kriechvorgang verzögernde Komponente)

Ihre Wirkungsweise ist in Abb. 4 prinzipiell dargestellt. Mit Hilfe dieser 4 Konstanten können über das Modellgesetz die Kriechkurven und alle anderen Kenngrößen des LZDV (Abb. 1) in einfacher Weise berechnet werden (s. Tab. 4).

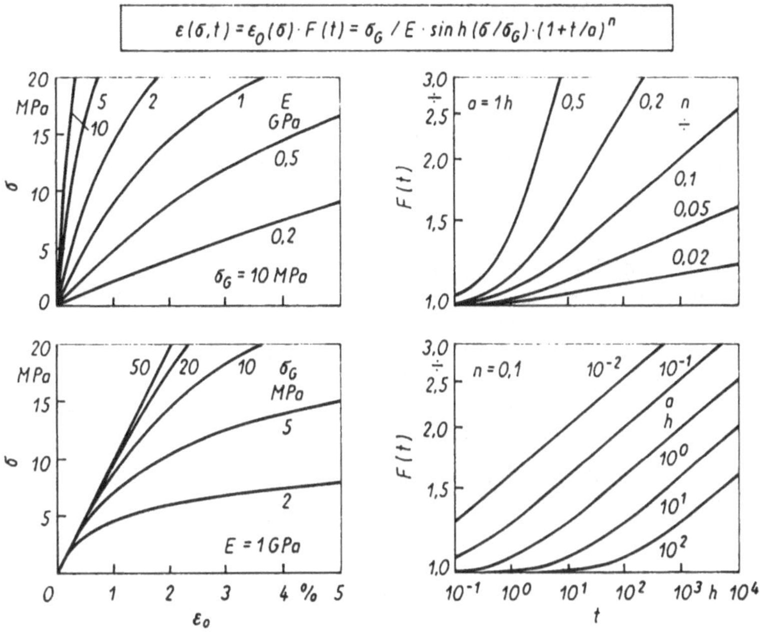

Abb. 4 Wirkungsweise der Parameter des ausgewählten Modellgesetzes

Tabelle 4 Kennwerte ausgewählter TPEV bei statischer einachsiger Zugbeanspruchung
Bedingungen: Standardklima 23/50, Beanspruchungsrichtung SVOR

TPEV Zusatzstoff	Matrix	ψ %	E GPa	σ_G MPa	n ./.	a h	E_V/E_M ./.	$\frac{k_0(\varepsilon)}{E_V/E_M}$ ./.[1]	F_M/F_V ./.[2]	$\frac{\Phi_M/\Phi_V}{F_M/F_V}$ ./.[1 2]	$k_\varepsilon(E_c)$ ./.[1 2]
GK	PAR	30	2,00	6,31	0,116	0,13	1,74	0,84	0,94	1,15	1,57
KR	PE	40	3,07	3,53	0,128	$1,1 \cdot 10^{-3}$	2,50	0,63	0,73	1,49	1,73
	PP1	40	2,46	3,45	0,137	0,24	1,62	0,68	1,07	1,30	1,52
	PAR	30	1,69	7,47	0,100	0,10	1,47	0,92	1,06	1,07	1,52
TA	PP1	40	4,03	5,78	0,127	0,30	2,65	0,68	1,20	1,26	2,73
	PP2	40	4,17	4,85	0,124	0,22	1,94	0,66	1,38	1,24	2,19
KA	PAR	20	1,81	10,3	0,078	0,19	1,57	0,96	1,36	1,02	2,09
GF	PE	30	4,08	7,35	0,074	$1,1 \cdot 10^{-2}$	3,32	0,79	1,83	1,09	5,25
	PA	30	2,25	18,7	0,062	$3,4 \cdot 10^{-2}$	3,25	1,10	1,10	1,02	3,54
	PBTP	30	6,44	33,9	0,080	6,70	2,11	1,06	1,08	0,97	2,32
	PC	40	6,82	35,0	0,040	22,5	2,48	0,95	0,97	1,01	2,31
BF	PVC[3]	30	7,25	11,7	0,147	29,9	1,85	0,73	1,07	1,11	1,60

[1] $\varepsilon = 0,5\%$. [2] $t = 10^3$ h. [3] Zug PVOR.

4. *Strukturkennzeichnung der untersuchten Verbunde*

Eine globale Verbundcharakterisierung ist durch Angabe von masse- oder volumenbezogenen Verstärkungsanteilen gegeben. Im Fall der untersuchten TPEV wurden die vom Hersteller ausgewiesenen nominellen Zusatzstoffanteile ψ durch Veraschung überprüft (ψ_A) und die Volumenanteile φ anhand von Dichtewerten berechnet (Tab. 5).

Tabelle 5 Angaben zur Makrostruktur ausgewählter TPEV

TPEV Zusatzstoff	Matrix	ψ %	ψ_A %	$\bar{\varphi}$ %	d, l[1] µm	$\overline{l/d}$
GK	PAR	30	30,3	17,0	≦60[2]	1
KR	PE	40	38,0	18,8		
	PP1	40	41,2	20,1	≦10[3]	~1
	PAR	30	23,4	12,1		
TA	PP1	40	40,8	18,4	≦60–80[2]	3–5
	PP2	40	39,3	17,5		
KA	PAR	20	17,6	8,4	≦10	~1–2
GF	PE	30	33,2	15,7	237	23–24
	PA	30	30,1	16,3	195	19–20
	PBTP	30	29,9	18,0	227	22–23
	PC	40	43,9	27,2	169	16–17
BF	PVC	30	27,2	16,0	41–82	28

[1] d, l maximale Teilchenabmessungen: d (Durchmesser), l (Länge).
[2] Teilchen in Einzelfällen größer.
[3] z.T. Agglomeratbildung.

Im allgemeinen wird im Verbundbildungsprozeß eine gleichmäßige Verteilung der Zusatzstoffe in der Thermoplastmatrix erreicht (s. Abb. 5–8). Dabei ist für Teilchenverstärkung typisch, daß im spritzgegossenen Formteil (Prüftafel) die durch die Klassierung der Zusatzstoffe (z. B. Kreide, Kaolin, Talkum) vorgegebenen Partikelabmessungen weiter verringert sind. So wurden im Versuchsmaterial bei diesen Zusatzstoffen im wesentlichen Partikelgrößen von $d \approx 10$ µm festgestellt, wobei aber auch Unregelmäßigkeiten (große Zusatzstoffpartikel, Agglomeratbildung) anzutreffen waren. Während bei kugel- oder kornförmigen Zusatzstoffen keine Vorzugsorientierungen in der Makrostruktur zu erkennen sind (Abb. 5), kommt es beim plättchenförmigen Zusatzstoff Talkum (Abb. 6) nach einer Spritzgießverarbeitung ebenso zu einem Schichtenaufbau wie im Falle der Kurzglasfaserverstärkung (Abb. 7).

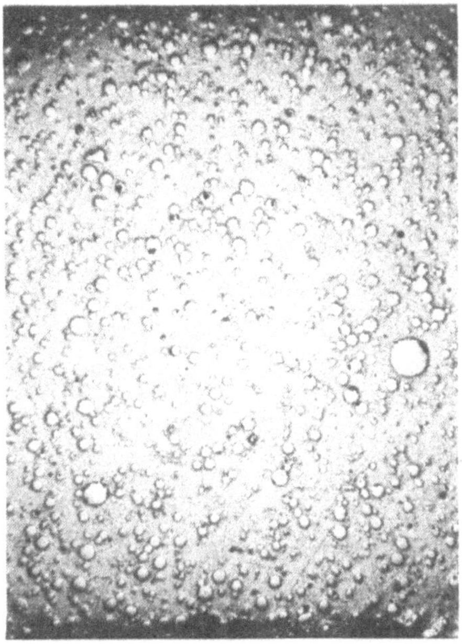

Abb. 5 Lichtmikroskopische Schliffaufnahme PAR-GK ($\psi = 20\%$), Vergrößerung 20:1

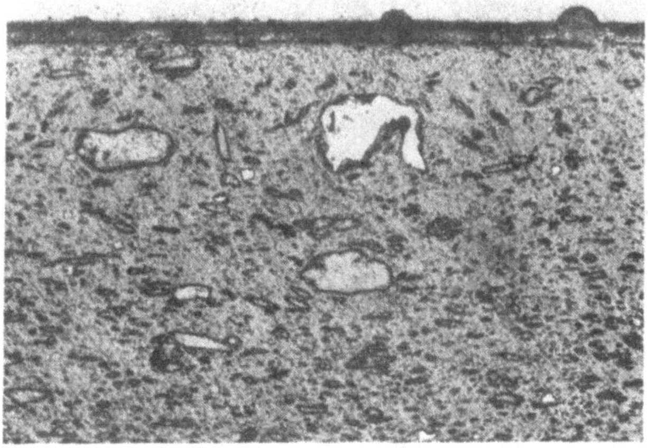

Abb. 6 Lichtmikroskopische Schliffaufnahme PP-TA ($\psi = 40\%$), Vergrößerung 200:1

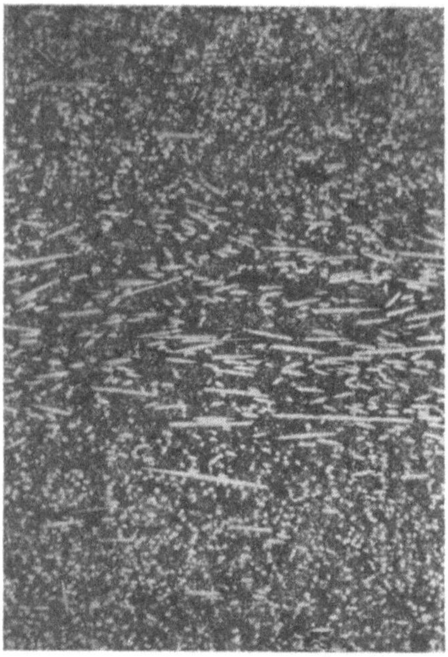
Abb. 7 Lichtmikroskopische Schliffaufnahme PC-GF ($\psi = 40\%$), Vergrößerung 40:1

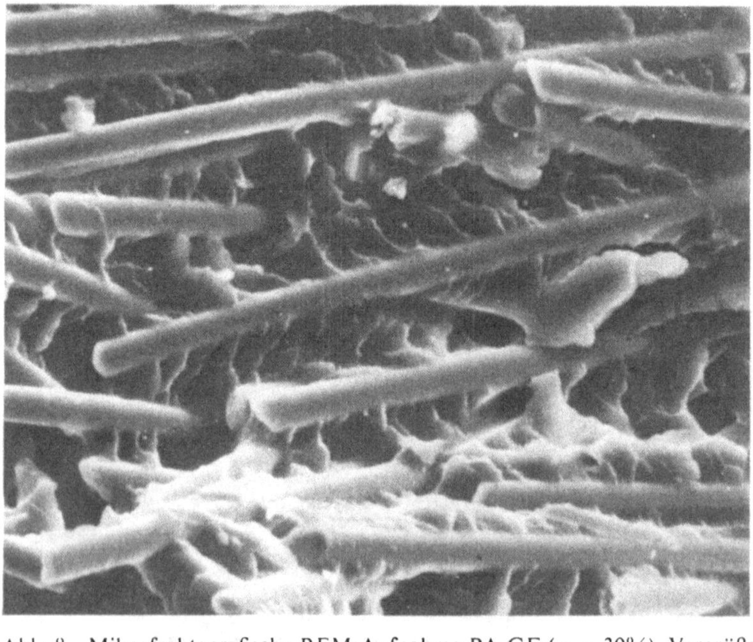
Abb. 8 Mikrofraktografische REM-Aufnahme PA-GF ($\psi = 30\%$), Vergrößerung 500:1

Außer Zusatzstoffart, -anteil und -anordnung besitzen die Zusatzstoffgeometrie (z. B. aspect ratio: *l*/*d* in Tab. 5) und die Haftung zwischen Matrix und Verstärkungsmaterial Einfluß auf das Eigenschaftsniveau der TPEV. Optimierte Haftungsverhältnisse konnten u.a. bei PBTP-GF, PC-GF, PA-GF (Abb. 8) und auch bei PAR-GK festgestellt werden.

5. Bewertung des Langzeit-Deformationsverhaltens

Ausgehend vom gefundenen Modellgesetz stellt sich das LZDV als Produkt aus den Komponenten Werkstoffsteifigkeit (spannungsabhängige Nichtlinearität) und Kriechverhalten (zeitabhängiges Verhalten) dar. Das Kriechverhalten wird dabei aufgefaßt als relative Änderung der σ-ε-Beziehungen, die durch die Werkstoffsteifigkeit vorgegeben sind. Nach dem Modellgesetz ist das Kriechen spannungsunabhängig.

Zusatzstoffe können Veränderungen der Werkstoffsteifigkeit, des Kriechverhaltens und der Belastbarkeit verursachen. Als technisch nutzbare Verstärkungswirkung eines Zusatzstoffes wird die Erhöhung der verformungsbezogenen Belastbarkeit angesehen. In diesem Zusammenhang steht prinzipiell die Frage nach der Zeitabhängigkeit der Verstärkungswirkung.

5.1. Einfluß von Zusatzstoffen auf das LZDV bei Standardklima 23/50

Ausgangspunkt der Betrachtungen ist zunächst die Beeinflussung der Werkstoffsteifigkeit infolge Zusatzstoffwirkung. Sie kann durch den Versteifungsfaktor

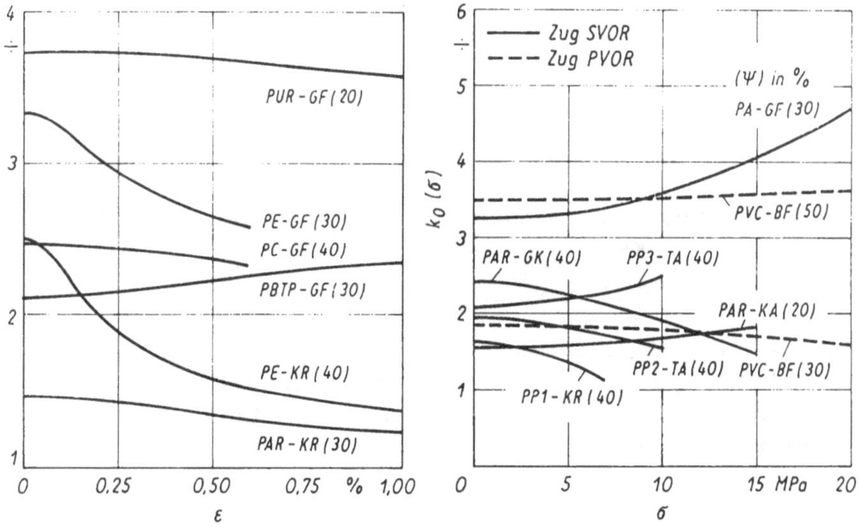

Abb. 9 Versteifungswirkung von Zusatzstoffen in TPEV in Abhängigkeit von der Beanspruchungshöhe im Standardklima 23/50

k_0 charakterisiert werden (Abb. 9), dessen Größe von der Beanspruchungshöhe (σ oder ε) abhängig ist. Spannungsabhängig ergeben sich unterschiedliche Tendenzen hinsichtlich der Wirkung von Fasern oder globularen Teilchen; demgegenüber wird mit zunehmender Verformung ε i. allg. der Versteifungsfaktor verringert.

Die Steifigkeitsänderungen werden von zusatzstoffabhängigen Einflüssen auf das Kriechverhalten überlagert. Eine Verbesserung des Kriechverhaltens wird erreicht, wenn der Verbund weniger kriecht als der Matrixwerkstoff ($F_M/F_V > 1$). Im Betrachtungszeitraum von $t = 10^3$ h (Abb. 10) wurde für die meisten Verbunde dieser Trend festgestellt; lediglich bei PE-KR und PAR-GK wurde eine Verschlechterung des Kriechverhaltens durch Zusatzstoffe beobachtet.

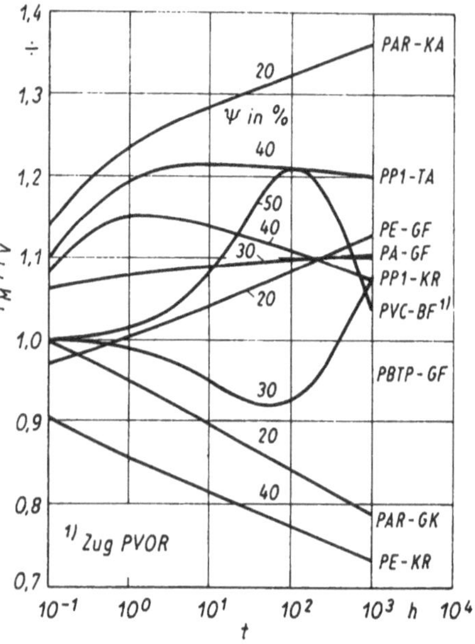

Abb. 10 Beeinflussung des Kriechverhaltens von Thermoplasten durch Zusatzstoffe bei statischer Zugbeanspruchung SVOR im Standardklima 23/50

Während nach dem Modellgesetz das Kriechen spannungsunabhängig ist, besteht für die Zeitabhängigkeit der verformungsbezogenen Belastbarkeit, die in Analogie zur Kennzeichnung des Kriechens mit $\Phi(t)$ bezeichnet wird, eine Abhängigkeit von der Verformung [8]. Damit wird auch die zeitliche Veränderung der Verstärkungswirkung Φ_M/Φ_V verformungsabhängig, wobei Größe und Trend mit Zunahme von ε verändert werden (Abb. 11). In den meisten untersuchten Fällen war eine Erhöhung der Verstärkungswirkung mit fortschreitender Beanspruchungsdauer festzustellen (Abb. 12).

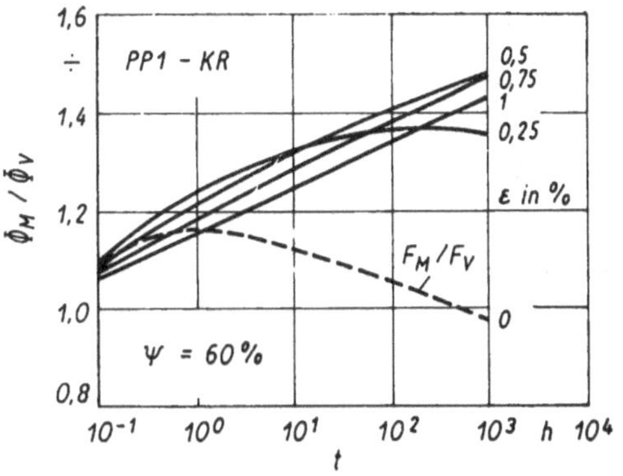

Abb. 11 Einfluß der Beanspruchungshöhe auf die Zeitabhängigkeit der Verstärkungswirkung für PP1-KR (Standardklima 23/50, SVOR)

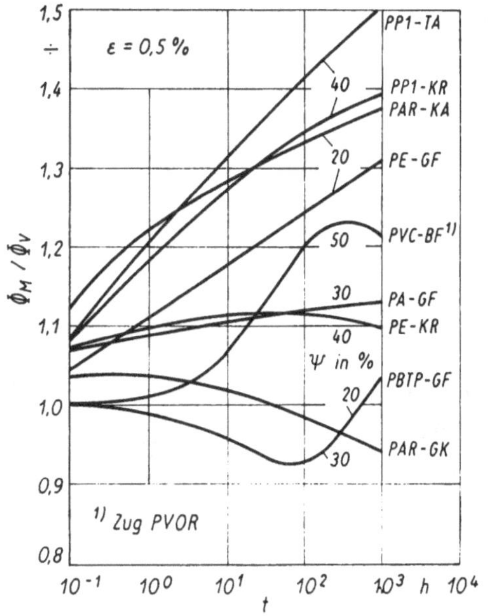

Abb. 12 Zeitabhängigkeit der Verstärkungswirkung von Zusatzstoffen in TPEV bei statischer Zugbeanspruchung SVOR im Standardklima 23/50

Die Langzeitverstärkungswirkung von Zusatzstoffen in TPEV $k_\varepsilon(E_c)$ resultiert nach [8] aus folgenden Einzelfaktoren:

- der Steifigkeitserhöhung $k_0 = E_V/E_M$,
- der verformungsabhängigen Steifigkeitsänderung infolge Nichtlinearität $\dfrac{k_0(\varepsilon)}{E_V/E_M}$,
- der Veränderung des Kriechverhaltens F_M/F_V und
- der Überhöhung der Veränderung des Kriechverhaltens infolge der dargestellten Zusammenhänge zwischen Kriechen und verformungsbezogener Belastbarkeit $\dfrac{\Phi_M/\Phi_V}{F_M/F_V}$.

Für ausgewählte Verbunde und konstante Vergleichsbedingungen ($\varepsilon = 0{,}5\,\%$, $t = 10^3$ h, Beanspruchungsrichtung SVOR) sind diese Faktoren in Tabelle 4 angegeben.

Letztlich verdeutlichen die Verstärkungsfaktoren $k_\varepsilon(E_c)$ insbesondere bei Verbunden mit Glasfasern, mit Talkum bzw. mit Kaolin die vorteilhafte Wirkung dieser Zusatzstoffe.

Spezielle Aussagen über die zeitabhängige Veränderung der Verstärkungsfaktoren von Faserverbunden und Teilchenverbunden vermitteln die Abbildungen 13 und 14. Die Glasfaserverstärkung (Abb. 13) bewirkt im allgemeinen eine Erhöhung der $k_\varepsilon(E_c)$-Werte mit zunehmender Beanspruchungszeit. Trotz verschiedener Zusatzstoffanteile wird der unterschiedliche Einfluß der Verbundkomponenten (Matrix) auf die Höhe des Verstärkungsfaktors sichtbar, wobei maximale Verstärkungseffekte bei PA-GF

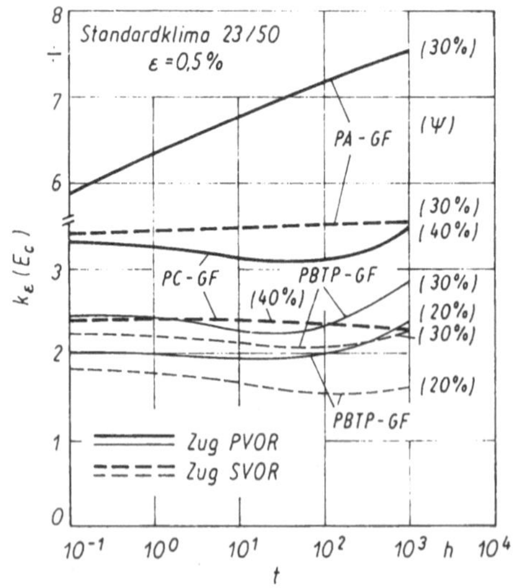

Abb. 13 Zeitabhängigkeit der Verstärkungsfaktoren für ausgewählte Faserverbunde (Standardklima 23/50, SVOR und PVOR, $\varepsilon = 0{,}5\%$)

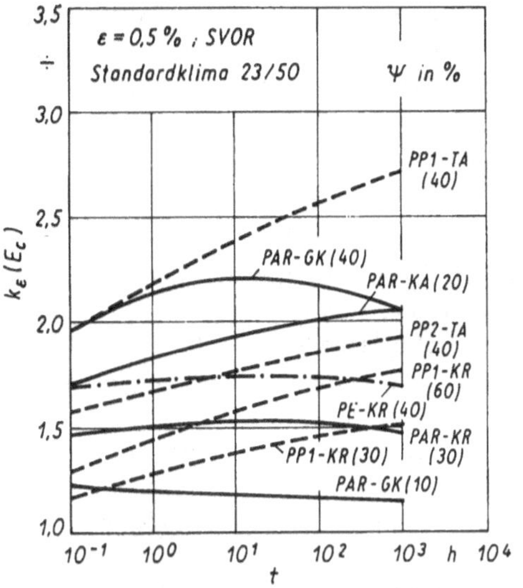

Abb. 14 Zeitabhängigkeit der Verstärkungsfaktoren für ausgewählte Teilchenverbunde (Standardklima 23/50, SVOR, $\varepsilon = 0{,}5\%$)

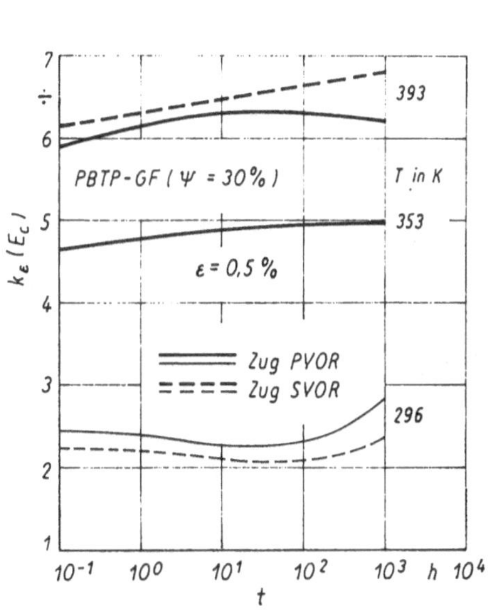

Abb. 15 Temperatur- und Zeitabhängigkeit der Verstärkungsfaktoren für PBTP-GF ($\psi = 30\%$)

erzielt werden. Zwischen den Beanspruchungsrichtungen PVOR und SVOR ergeben sich außerdem infolge der Makrostruktur (Orientierung) mehr oder weniger stark ausgeprägte Niveauunterschiede. Im Gegensatz zur Glasfaserverstärkung konnte für einige Teilchenverbunde (z. B. PAR-GK, PAR-KR) als Trend auch eine zeitabhängige Verringerung der Verstärkungswirkung festgestellt werden (Abb. 14).

5.2. Einfluß erhöhter Temperaturen

Für praktische Anwendungen unter den Bedingungen eines Langzeiteinsatzes wird bei hochpolymeren Werkstoffen die Wirkung zusätzlicher Einflußfaktoren, wie erhöhter Temperaturen oder spezieller Umgebungsmedien, als besonders kritisch eingeschätzt. Diese Einflüsse sind in begrenztem Umfang im Versuchsprogramm des LZDV (Tab. 3) berücksichtigt worden.

Die Temperaturwirkung soll anhand des zeitabhängigen Verstärkungsfaktors an 2 Beispielen betrachtet werden.

Für den Verbund PBTP-GF mit $\psi = 30\%$ sind die Ergebnisse unterschiedlicher Prüftemperaturen in Abbildung 15 dargestellt. Als Trend ist zu konstatieren, daß die ermittelten Verstärkungsfaktoren sowohl mit höherer Umgebungstemperatur als auch mit zunehmender Beanspruchungszeit ansteigen. Dabei dominiert die Temperaturwirkung eindeutig gegenüber dem Zeiteinfluß sowie der Beeinflussung durch die Strukturanisotropie.

Demgegenüber wurde bei verschiedenen anderen TPEV, z.T. auch bei Faserverbunden (PVC-BF), im wesentlichen aber bei Teilchenverbunden, beobachtet, daß

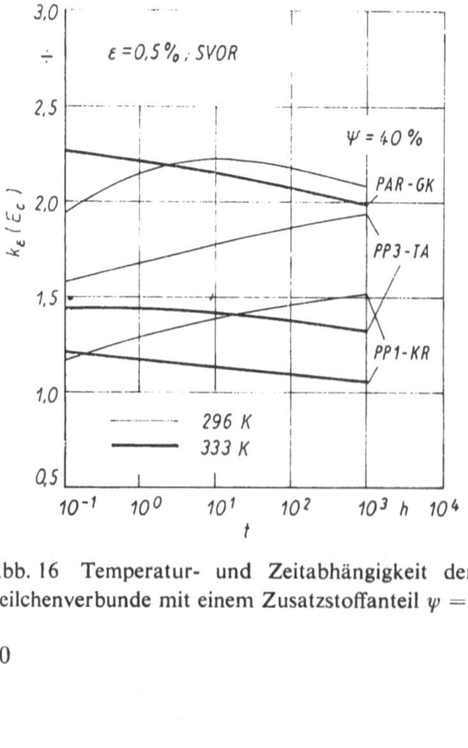

Abb. 16 Temperatur- und Zeitabhängigkeit der Verstärkungsfaktoren für ausgewählte Teilchenverbunde mit einem Zusatzstoffanteil $\psi = 40\%$

sich Veränderungen der Verstärkungsfaktoren im Betrag und in der Zeitabhängigkeit einstellten [8]. In der Mehrzahl der Fälle (vgl. Abb. 16) wurden bei erhöhten Temperaturen niedrigere Verstärkungsfaktoren als bei Standardklima 23/50 erzielt und vorhandene zeitabhängige Anstiege der $k_\varepsilon(E_c)$-Werte in eine durchgängig fallende Zeitabhängigkeit bei erhöhten Temperaturen umgewandelt (z. B. PP-TA und PP-KR).

5.3. Einfluß des Umgebungsmediums Wasser

Zur Abrundung der Aussagen über das LZDV von faser- und teilchenverstärkten TPEV werden anhand vorliegender experimenteller Befunde noch einige Ausführungen zur Beurteilung der Verstärkungswirkung der unterschiedlichen Zusatzstoffe in Wasser gemacht.

Stellvertretend für Faserverbunde wird das Verhalten von PA-GF ($\psi = 30\,\%$) betrachtet (Abb. 17). Obwohl in diesem Verbund mit PA 6 eine stark hygroskopische Matrix vorliegt, wurde ermittelt, daß, trotz signifikanter Unterschiede im Feuchtigkeitsgehalt bei Standardklima 23/50 und in Wasser, bei beiden Umgebungsmedien (Luft, Wasser) eine etwa gleichgroße Verstärkungswirkung der Glasfasern besteht. Ebenso blieben die bestehenden Anisotropieeffekte in etwa gleicher Größenordnung erhalten. Ganz ähnliche, unveränderte Eigenschaftsrelationen für das Verhalten in Luft und Wasser wurden auch für PBTP-GF ($\psi = 30\,\%$) ermittelt [8].

Im Gegensatz dazu zeigten verschiedenartige Teilchenverbunde mit konstantem Zusatzstoffanteil $\psi = 40\,\%$ in Wasser als eindeutigen Trend einen Abfall der Verstär-

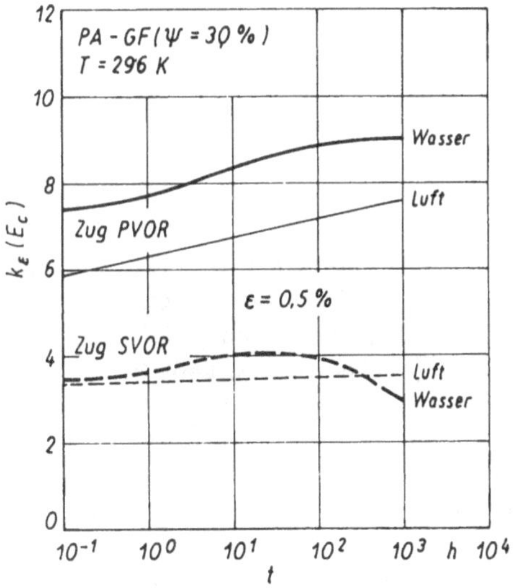

Abb. 17 Zeitabhängigkeit der Verstärkungsfaktoren für PA-GF ($\psi = 30\,\%$) in unterschiedlichen Umgebungsmedien (Luft, Wasser, T = 296 K)

kungswirkung der Zusatzstoffe im Langzeitbereich (Abb. 18). Auch wenn zumeist im Untersuchungszeitraum $t = 10^3$ h die Verstärkungsfaktoren noch Werte >1 aufwiesen, wurde diese Grenze im Fall des PAR-GK-Verbundes bereits unterschritten. Dieser Verbund zeigte ein schlechteres Kriechverhalten als die Matrix.

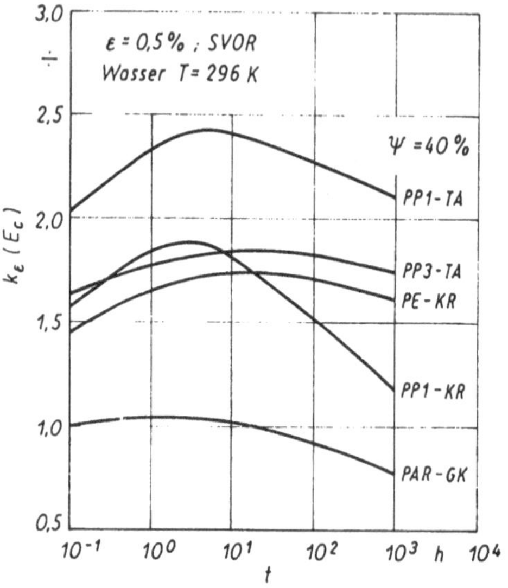

Abb. 18 Zeitabhängigkeit der Verstärkungsfaktoren für ausgewählte Teilchenverbunde mit einem Zusatzstoffanteil $\psi = 40\%$ in Wasser

5.4. Prognostizierung des LZDV

Für unterschiedliche praktische Erfordernisse, z.B. in der Phase der Werkstofftypenentwicklung oder bei konkreten Anwendungsfällen unter statischer Langzeitbeanspruchung, werden oftmals Aussagen zum LZDV über den experimentell belegten Zeitbereich hinaus benötigt. Zur Problematik der Prognostizierung des LZDV von Plastwerkstoffen sind aus der Literatur verschiedene Methoden und Verfahren bekannt [11, 12]. – Im vorliegenden Fall wurde die Möglichkeit der Extrapolation mit vorhandenem Datenmaterial unter Anwendung des aufgestellten Modellgesetzes überprüft.

Das in Abbildung 19 dargestellte Werkstoffbeispiel, Verbund PA-GF ($\psi = 30\%$), zeigt Meßwerte und Kriechkurven für Standardklima 23/50. Die Versuchsauswertung wurde zunächst für den Zeitraum $t \leq 10^3$ h vorgenommen. Mit diesen ermittelten Modellparametern erfolgte eine Extrapolation bis $t = 10^4$ h. Aus der grafischen Darstellung sind jedoch systematische, mit der Beanspruchungszeit größer werdende, Abweichungen zwischen extrapolierten Kriechkurven und Meßwerten zu erkennen, ohne daß sich im Verlauf der Kriechkurven bis $t = 10^3$ h Veränderungen abzeichneten. Demgegenüber weisen die versuchszeitabhängigen Modellparameter, die zusätzlich schrittweise für den Zeitraum $t = 10^3$ h ... 10^4 h ermittelt wurden, in diesem Zeitbereich eindeutige Trendänderungen auf (Abb. 20). Dies trifft im gezeigten Bei-

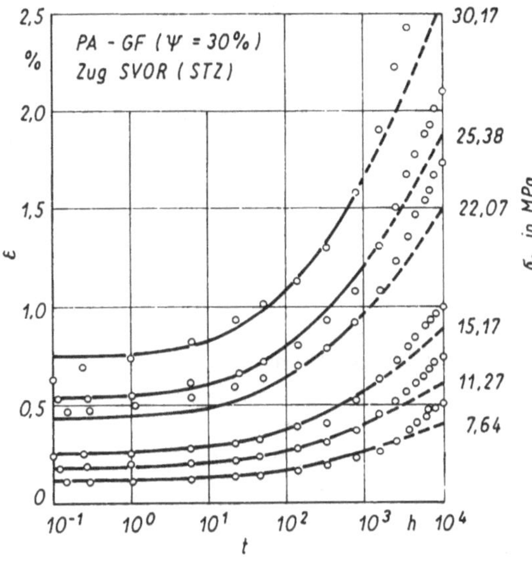

Abb. 19 Prognostizierung des LZDV von PA-GF im Standardklima 23/50 durch Extrapolation der Ergebnisse aus 10^3 h-Experimenten

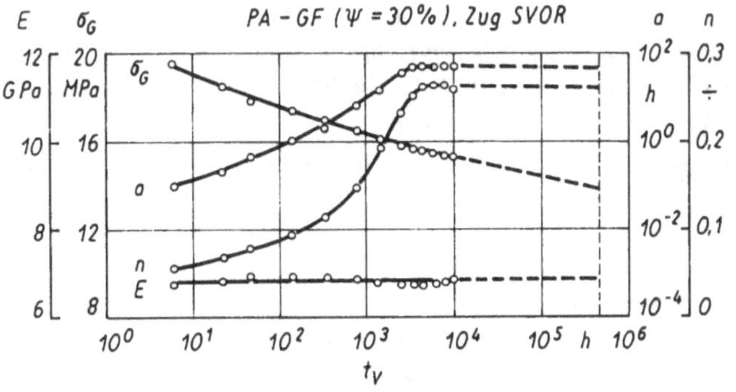

Abb. 20 Prognostizierung des LZDV von PA-GF im Standardklima 23/50 durch Extrapolation der Zeitabhängigkeit der Modellparameter

spiel insbesondere für die Modellparameter a und n zu, die vermutlich auf im Werkstoff stattgefundene Veränderungen hinweisen. Aus den Trendänderungen in der Zeitabhängigkeit der Ansatzkonstanten des Modellgesetzes können im Gegensatz zur Betrachtung von Kriechkurven Mindestversuchszeiten für die Prognostizierung abgeleitet werden. Bei Überschreiten dieser Mindestversuchszeiten und eindeutiger Trendbestimmung für die Modellparameter erscheint eine Extrapolation von Kriechkurven für bedeutend längere Beanspruchungszeiten gerechtfertigt (vgl. Abb. 20).

Nach Überprüfung anderer TPEV, wie z.B. PVC-BF und PP-TA, wird diese Methode der Prognostizierung des LZDV als geeignet eingeschätzt [8] und in der Folgezeit weiter betrachtet werden. Sie ist insbesondere auch für eine Extrapolation unter verschärften Langzeiteinflüssen wie Temperatur und Umgebungsmedien von praktischem Interesse.

6. Schlußfolgerungen und Ausblick

Gestützt auf umfangreiche experimentelle Untersuchungen zum LZDV an TPEV inklusive der entsprechenden Matrizes und ein einheitliches Programm zur Meßwertaufbereitung wurde insbesondere die Wirkung unterschiedlicher Zusatzstoffe auf das statische Langzeitverhalten bewertet. Die ermittelten Ergebnisse tragen u.a. zur Klärung der Frage nach der Zeitabhängigkeit der Zusatzstoffwirkung in TPEV bei. — In den meisten Fällen konnte unter Normalbedingungen als Trend eine Verbesserung von Kriechverhalten und verformungsbezogener Verstärkungswirkung festgestellt werden, wobei die günstigsten Verstärkungseffekte mit den Zusatzstoffen Glasfasern, Talkum und Kaolin erreicht wurden. Ein Nachlassen der Zusatzstoffwirkung speziell unter Einfluß erhöhter Temperaturen oder Wasser wurde vor allem bei Verwendung teilchenförmiger Zusatzstoffe (Kreide, Glaskugeln, z.T. Kaolin und Talkum), aber auch bei Basaltfaserzusatz beobachtet. Beide Richtungen, d.h. zeitabhängige Erhöhung oder Verringerung der Langzeitverstärkungswirkung, besitzen ihre spezielle Bedeutung, weil zum einen hinsichtlich der maximalen Ausnutzung vorhandener Eigenschaftsreserven und zum anderen hinsichtlich der Vermeidung von Schadensfällen durch TPEV mit weniger günstigen Langzeittrends wesentliche materiaökonomische Aspekte berührt werden. Da z.Z. keine Möglichkeiten bestehen, die aufgezeigten Trends mit hinreichender Genauigkeit anhand des Kurzzeitverhaltens prognostisch abzuschätzen, sind auch weiterhin experimentelle Untersuchungen zum LZDV erforderlich.

Das insgesamt vorliegende Kennwertmaterial der untersuchten Matrix- und Verbundwerkstoffe [8] wird in aufbereiteter Form in Anlehnung an [7] als spezielle Werkstoffdokumentation zum LZDV von Plastwerkstoffen in der Schriftenreihe „Materialökonomie" des IfL veröffentlicht werden. Mit diesen Werkstoffinformationen wird die Einsatzvorbereitung von TPEV für konstruktive Anwendungen gezielt unterstützt, zumal diesbezügliche Werkstoffangaben in der einschlägigen Fachliteratur lückenhaft sind bzw. insbesondere für teilchenverstärkte Thermoplaste fehlen.

In der Weiterführung konzipierter Arbeiten der experimentellen Werkstoffeigenschaftsforschung sind als Problemstellungen u.a. komplexe Beanspruchungen bei Temperatur- und Medieneinfluß, die Prognostizierung des Kriechverhaltens sowie Struktur-Eigenschaftsbeziehungen für Thermoplast-Einfach- und Thermoplast-Mischverbunde vorgesehen.

Literatur

[1] Knauer, B.: Plaste und Kautschuk 23 (1976) 12, S. 869–875.

[2] Direktive des X. Parteitages der SED zum Fünfjahresplan 1981–1985, Dietz-Verlag 1981.

[3] Knauer, B.: Vortrag in der Sitzung der Klasse Werkstoffwissenschaft der AdW am 17. 6. 1982, APK 7 (1982) 8, S. 27–51.

[4] Knauer, B. (Hrsg.): KdT-Konstruktionshandbuch „Verstärkte Hochpolymere", Dresden 1979.

[5] Autorenkollektiv: Thematisches Heft Langzeitverhalten von Plastwerkstoffen, IfL-Mitt. 19 (1980) 3, S. 73–124.

[6] König, U.: Kolloquium AdW/ITP Dresden am 30. 5. 1984.

[7] Höninger, H./Reichelt, E.: Langzeit-Deformationsverhalten von Plastwerkstoffen, Schriftenreihe „Materialökonomie" des IfL Dresden, Heft Nr. 32, Ausgabe 12/1982.

[8] Höninger, H./Reichelt, E.: Dissertationsschrift, Technische Universität Dresden, 1986.

[9] Rätzsch, M.: Hauptvortrag, Festkolloquium AdW/ITP Dresden am 6. 4. 1984.

[10] Gähde, J.: Plenarvortrag, 10. Wissenschaftlich-technische Tagung „Verstärkte Plaste '84", Berlin, am 12. 9. 1984.

[11] Findley, W. N.: SPE-Journal 14 (1960) 1, S. 57–65; (1960) 2, S. 192–198.

[12] Urzumcev, Ju. S.; Maksimov, R. D.: Prognostizierung des Deformationsverhaltens polymerer Werkstoffe (russ.) Verlag „Zinatne", Riga 1975.

ISBN 3-05-500 014-5
ISSN 0138-3965

FSC
www.fsc.org
MIX
Papier | Fördert
gute Waldnutzung
FSC® C083411

Kolibri 360 GmbH
Ferdinand-Jühlke-Straße 7
99095 Erfurt, Deutschland
produktsicherheit@kolibri360.de